Einstein, S'il Vous Plaît

教えて!! Mr.アインシュタイン

Jean-Claude Carrière
ジャン＝クロード・カリエール 著
南條郁子 訳

紀伊國屋書店

教えて!! Mr.アインシュタイン

目次

装丁――中垣信夫＋井川祥子
装画――牛尾篤

1 アインシュタインさん、いらっしゃいますか

若い女性、古い建物に入る

通りを歩いているあの若い女性。彼女を追ってみよう。

立ち止まって車を二、三台やりすごし、信号無視で道路をわたっていく。

ここは中欧の街。プラハかウィーン、あるいはミュンヘン、チューリヒかもしれない。街の名前がわかるような有名な建造物は見あたらない。日は傾き、昼間の明るさはうすれた。天気はかなり好い。春か秋の天候だ。若い女性はブルージーンズにブルゾン、平底の黒い靴。見た感じは二十二歳から二十五歳くらい、どちらかというと細身で、まなざしも身のこなしも生き生きとしている。肩にはショルダーバッグ。学生といったところか。たぶん卒業間近の。

わたしたちはちょうどこの瞬間の彼女をとらえる。どこから来たのか、名は何というのか、両親は何をしているのか、将来どういう人生を送るのか――そんなことはわかりっこない。彼女のあとを追っているのは、この通りでたまたま彼女が目にとまったからにすぎない。

路面電車のベルの音に、彼女があわてて向こうの舗道にとび乗る。黄と黒の路面電車が気がつかないうちに近づいてきて、後ろをすれすれに通りすぎたのだ。十七番のナンバープレートがついている。

電車を見送り、彼女は上を見上げる。どっしりとして少し煤《すす》けた建物が目に入る。一九一〇年代か二〇年代の建築だ。ジーンズのポケットからしわくちゃの紙きれをとり出し、住所を確認する。

たしかにここだ。入っていく。

中に入って照明のスイッチを探す。見つからない。が、別に驚いたようすはない。平凡な玄関ホールを奥に進む。まず階段を上る。かなり暗い。ニスを塗った木の階段。中央にベージュの細いカーペットが敷いてある。ときどきミシミシ音がする。ごつい木の手すりに手をかけ、軽い足どりで上っていく。二階に着き、暗がりのなかで目を凝らし、呼び鈴を押す。

何時なのかはわからない。それに彼女も、今が朝なのか夜なのか、月曜なのか水曜なのか、そんなことは少しも気にしていないようだ。

その場で少し待とうとする。が、すぐにドアが開く。開けたのは年配の女性だ。長めのスカートに昔風のブラウス。ブラウスにはレースがついている。手編みかどうかはわからない（その可能性はある）。

落ち着いた、芯の強そうな顔、高い鼻、白い肌。ほとんど化粧気のないその女性は、ドア番にしては親切そうに、約束はしてあるかと若い女性にたずねる。

「約束というほどではないんですが」と若い女性。「このところ少し時間ができたので、ちょっと来てみたんです。あてずっぽうにというか。具合が悪ければ帰ってもいいです。待ってもいいですし」

「確かにここでよろしいのですね」

「そのはずですけど」

若い女性は紙きれを見せる。色の白い婦人はさっと紙に目を走らせ、一瞬――ほんの一瞬――ためらった後、ドアをもう少し開けながら仕方なさそうに言う。

「お入りください」

「どうも」

学生はドアの向こうに身をすべらせる。わたしたちもついていく。次の間のような小部屋をすぎると、窓のない待合室があり、十人ばかりの――ほとんどは男性の――客がおとなしく椅子に腰かけている。ごくふつうの椅子。デザインはまちまちだ。

入ってきた彼女に一瞬視線が集まる。彼女も物珍しそうにあたりを見まわすが、とくに驚いたようすもなく、たった一つ空いていた椅子に腰かける。客のうち何人かは、二十世紀前半のものらしい服装をしている。男性はみなきちんとネクタイをしているが、何人かは薄汚れたシャツの襟《えり》がはねている。上着のボタンは残らず留めてある。ほとんど全員が、革の鞄や分厚い書類を、脇に抱えるか膝の上に乗せるかしている。書類はたいてい革のバンドでしっかり留めてあり、何人かはその上にフェルトの帽子をのせている。

ほとんどの客が鞄や紙挟みにしがみつくようにしているのを彼女は目の隅でとらえる。爪を突き立てんばかりにして、まるで宝物でも守っているかのようだ。

そのうちの一人は、古い建物のどこかでセントラル・ヒーティングの管の鈍い音がするたびに、ハッと驚いている。

物音は外の通りからも聞こえてくる。路面電車がベルを鳴らしながら、遠ざかったり、戻ってきたりする音だ。けれどもこの音にはだれも驚かない。電車の物音は街のリズムを刻むメトロノームのようだ。

男性客の一人は、黒の革鞄を床におろし、椅子の脚にもたせかけていた。若い女性が入ってきたとき、彼は突然何かが心配になったように――失礼なことを言われるか、盗まれるとでも思ったのだろうか――さっと身をかがめて鞄をつかんだ。今はそれを両腕で抱きかかえている。

もう一人、待合室にある唯一のソファに腰かけているのは、灰色のかつらをつけた厳しそうな男性だ。長い巻き毛のかつらを別に隠そうともしていない。黒っぽい服の上にゆったりとした昔風のガウンのようなものを着て、銀の留め金のついた靴をはいている。

若い女性はこれらの異様な細部に気がついているが、こんな所でこんな人たちといっしょになったことに特に驚いているようすはない。予想していたのだろうか。わからない。心の中は見えないからだ。とにかく怖がっていないことは確かだ。彼女は腕時計に目をやり、あらためて見直し、ぐっと目を近づけて見たあと、手首をふる。時計が止まっていたらしい。部屋のなかを目で探す。壁にも、暖炉の上にも、時計はひとつもない。

隣の男性に声をかけ、小声で時間をたずねる。

「わかりません」

中欧風の発音で返事が返ってくる。

「だいたいで良いんですけど」

「いや、わからないのです、もうしわけないが」

四角い顔をした白髪の女性と目が合う。その人が訊《き》かれる前に答える。

「わたしもですわ」

中欧訛《なま》りの男がつけくわえる。

「とにかく、遅いことは確かですな」

四角い顔の女性がうなずく。彼女も遅いと思っているのだ。

こんなやりとりをしているうちに、どうやら若い女性も落ち着かない気分になってきたらしい。入ってきたときはどちらかというと気楽な感じで、何を見ても驚きも動じもしなかったのに、今では心細そうにさえみえる。医者に診てもらいに来たのではなさそうだし、法律相談でもなさそうだ。もしかしたらここは劇場経営者かキャスティング・ディレクターの事務所で、彼女も他の人たちにまじって映画か演劇のオーディションを受けに来たのかもしれない。だが、もしそうだとすると、この人たちはなぜあんなふうに鞄を押さえつけているのだろう。

とにかく、役をもらいに来たのだとすれば、彼女にライバルはいないわけだ。若い女性は彼女一人きりなのだから。

先ほどの長いスカートの女性――ヘレンと呼ぼう、やがてそれが彼女の名前であることが明らかになる――がふたたびあらわれ、若い女性を指さし、ついてくるよう指示しながらこういったとき、とまどいはさらに大きくなったようだ。

「あなた。どうぞこちらへおいでください」

「わたしですか」

「そうです、あなた。どうぞこちらへ」

もしかしたら彼女は、何かのまちがいではないかと言おうと思ったかもしれない。一番遅く来たのだし、一日くらい待っても良いと。いざ自分の番になるとためらってしまうのはわたしたちにもよくあることだ。決定的な時が近づくと、退屈な待ち時間をもう少し延ばしたくなる。たとえば医者に行ったときなら、診察結果を知るのはもう少し先でよいと思う。でも彼女はけっきょく何もいわない。黙ってしたがう。まずこの待合室、この建物にどういう決まりがあるのかわからない。それに、自分がいつからこの椅子に座っているかもはっきりしない。わたしたちも、彼女がついさっきこの部屋に入ってきたような気がしているが、確かではないし、確かめようにも時計がない。ひょっとすると思っていたより長く座っていたのかもしれない。まあいいか。

客たちは不満そうだ。無理もない。長いこと（いつからかはわからないが）待っていただろうに、最後の来訪者にいきなり説明もなく先を越されてしまったのだから。皆の視線を浴びながら、彼女は立ち上がる。バッグを肩にかけ部屋を横切り、ヘレンについて別の部屋へ入る。

二人が入るとドアがしまる。待っている男性のなかには、ためいきをつく者もいる。ぶつぶつ文句をいう者もいる。鞄を抱きかかえていた男性はそっと床におろす。別の男性は咳《せき》払いをし、二度咳をする。

路面電車が通りすぎる。ベルの音が二度鳴り響く。

アインシュタイン登場

若い女性――ときには女子大生、または若い客とも呼ぶことにしよう――は両開きのドアを通り、今、かなり広い書斎にいる。そこには本や雑誌、パンフレット、書類、さまざまな器具、黒板（拭くための布きれとチョークも）、ケースに入ったバイオリン、散らかった楽譜、譜面台、そしてこれまた二十世紀前半のものらしい何点かの家具。

彼女は部屋全体にすばやく視線を走らせるが、短い時間ですべてに気づくことはできない。

それでもこの部屋にドアがあと三つ――今はしまっているが――あることはわかる。三つのドアと、今、通ってきたドア。

彼女のうしろで男の声がする。かなり甲高い、震えるような声だ。

「下がっていいよ、ヘレン」

ふり返ると目の前にアルベルト・アインシュタインがいる。生きていた頃とまったく変わらない。アルベルト・アインシュタインその人だ。すぐにわかる。年齢は五十五歳から六十歳くらいで、密生した口髭、すっかり白くなった有名な長髪、黒っぽい瞳、斜めに垂れた瞼、皺の刻まれた額。だれもが知っているあの顔だ。

とても簡素な身なりをしている。皺の寄ったズボン、明るいベージュの古いセーター、素足にサンダル履《ば》き。動作は少しぎこちないが、にこやかだ。

ヘレンが小さなドアの後ろに引っ込む。若い女性が入ってきたときには気づかなかった、書棚の後ろの小さな隠し扉。これでドアの数は合計五つになった。

「ではのちほど、旦那さま。ご用のときはお呼びください」

ドアを閉める前にヘレンがいう。

「わかった。ありがとう、ヘレン」

「他の方々はどういたしましょう」

と五番目のドアを閉めかけて、褐色の髪のヘレンがまた声をかける。

「まあ考えてみよう」

「待っていただきますか」

「待ってもらおう」

今や書斎に二人きりになった若い女性は、アインシュタインに会釈してみせる。少し気後れしているようだ。それはそうだろう。しかし、物怖じしない大胆な性格らしく、すぐに気を取り直し、自分を見つめている有名な学者にむかって言う。

「時間は存在しないと先生がおっしゃったので、それなら会いに行ってみようと思いました」

「うまくやりましたね」

と彼女から目を離さずにアインシュタインがいう。

「運を試したんです」

「うまくいくこともあるのですよ」

「無理だろうと思ってました。でも何とか……」

それから、何をいえばよいのかわからなかったのだろう、

「腕時計が止まってしまいました」

とつけくわえる。

「そういうこともあります。とくにこの建物ではね。みんな困っているようです。でもわたしは――教えましょうか――時計はもたないことにしましたよ」

突然、彼が大声で笑いだす。笑いだしたら止まらない。何かおもしろいことでも言ったかのように、大きな声を響かせて笑っている。若い女性はいささか困惑の表情だ。ようやく笑いが止ま

ると、彼女はたずねる。

「でも、ないと困りません？」

「何が」

「時計が」

アインシュタインは今度は静かに微笑み、軽く肩をすくめて答える。

「いや、全然！　とくに今は。時計があったって何をするわけでもなし」

二人は互いに相手を見ながら黙りこむ。どのくらい黙っていようか。どのように決めようか。

二人とも何をいえばよいのか、何をすればよいのかわからない。互いに相手の出方を待っているようだ。女子大生はアインシュタインが自分を仔細に眺めていることに気づく。顔つき、手つき、体つき、服装、ショルダーバッグ。もし彼女がこれまでアインシュタインについての本を読んだことがあるなら——きっとあるだろう（彼に会うためにここにやって来たのだし、彼が現れても驚かなかったのだから。どこから情報を仕入れたかはわからないが）——彼がけっして女性に無関心ではなかったこと、それどころか彼の人生には、女たちが入れかわり立ちかわり現れては消えていった時期もあったということを知っているはずだ。それに彼女は、たいていの男にとって自分が魅力的であることも知っている。なかには口でそう言う男もいる。そぶりで示す者もいる。

それを利用するのだろうか、彼女は？　わたしたちにはわからない。いや、まだわからない。おそらく彼女自身にもわからないだろう。

この女性が何をするつもりなのか、何を考えているのか、あるいは望んでいるのか、今、その真意を知ろうとしても無駄だろう。無駄だし、無意味だ。わたしたちは彼女のことをそんなによくは知らないのだから。ここに来るために彼女がどんな準備をしてきたかも知らないし、ここで何を期待しているのかも知らない。わたしたちは通りや階段で彼女のあとを追ってきた。そこで見たことが彼女について知っていることのすべてなのだ。

もしも、本を読むかわりに——または書くかわりに——映画やテレビや演劇でこれらの登場人物と状況を知ったのだとしたら、いちいち細かいことは考えないはずだ。それには理由がある。映画やテレビや演劇では、考える時間がないのだ。映画や劇の動きに気をとられて——もちろんそれが見たくなるような、または見ずにいられない動きであるとしてだが——あれこれ疑問に思う暇がない。

前に見た場面をもう一度見ることはできないし、後戻りして少し前に映ったものを確かめることもできない。目の前に映し出されたもの、目の前で起こっていることを眺め、聞くしかないのだ。ちょうど今のわたしたちのように。

若い女性が——おそらく何か言わなければと思ったのだろう——、ドアの方を指し示しながら言う。

「たくさん人が待ってますね、あちらで、ドアのむこうで」

「しかたがありません」

「先生の待合室なんですか」

「そうもいえます。といっても、わたしは弁護士でもなければ歯医者でもないのですよ」

「でも、先生に相談があるんでしょう？」

「まあそうです。わたしに相談、そう。ときどき」

「どういうことについてですか」

「うーん、まあ、あらゆることです。新型のアイロン、プリンター、モーター、光ファイバー。それから星の内部や彗星の尾で起こっていることについて。でもたいていの場合は、わたしが一から十までまちがっていることを、証拠をもって証明しにくるのです」

「毎日ですか」

「いつも。はい、そんな気がします。今『まいにち』とおっしゃいましたけど、正直いって、それが何を意味するのか、わたしにはわかりません。カレンダーも使っていませんし。時間も同じ。そういう概念はどこかへいってしまいました」

「どこから来たんですか、あの人たち」

「ああ、それはもうあらゆる所から。わたしはたずねませんが。どこから来たかも、いつ来たかも」

「何だか別の時代から来たみたいですけど」

「長いこと待っているからですよ。そう思いませんか」

若い女性はしばらく黙りこむ。今度もまたどれくらいの時間かはわからない。彼女はアインシュタインの書斎を眺め、それからアインシュタインその人を眺める。たしかに五十年前に死んだ（と、どの本にも書いてある）のに、見たところ生身の人間として、今、目の前に、彼の（と思われる）書斎に立っている人。奇妙な服装をしたあの客たちが会おうとしている相手。

彼女は言う。

「でも通されたのはわたしが一番先でした」

「ほう、そうですか」

「驚きました？　先生が決めたんじゃないんですか」

「わたしじゃない。こういうことは決めません」

「じゃあだれが決めるんですか。さっきの女の人ですか」

「ヘレン？　そうでしょう、おそらく。彼女からあなたのことを聞きました。彼女はこう言ったのです、若い娘さんが見えました、と」

「そう言ったんですか。それでどうしてわたしを通したんですか」

彼は両手をひらいて大きく腕を広げ、微笑みを浮かべたまま答える。

「あなたに会うのが嬉しいからですよ」

「どうしてわたしに会うのが嬉しいんですか」

微笑みがさっと消え、彼は一瞬ためらったのち答える。

「あなたがいるということは――あなたは明らかにいわゆる未来から来たわけだから――人類がまだ滅びていないことを意味するからです」

「滅びるかもしれないと思ってたんですか」

「それはもう！」

「原爆のせいで？」

彼は右手の人差し指を上げて訂正する。

「核兵器のせいで。それが正しい呼び名です」

「もし滅びていたとしたら、その責任を問われるのが恐いですか」

アインシュタインの顔が急に深刻になる。よくある言い方でいえば、顔に影がよぎる。影また影。若い客がのっけから彼の気持ちを乱すような質問をぶつけたからだ。アインシュタインはくぐもった声で答える。

「そうですね。……うむ……たしかに恐いかもしれない」

「でも責任って、だれに対する責任ですか。もし人類が滅びていたら、先生を非難できる人だっていなくなってるでしょうに」

これを聞いてアインシュタインに笑みが戻る。若い客の頭の回転が速いことが彼を喜ばせたようだ。

「たしかに、そのとおりです。……とはいっても」

二人はしばらく物思いに沈む。きっとその滅亡のありさまを――生者がこの世に生まれて以来、少なくとも生きていることを意識するようになって以来、ずっとその頭にとり憑いている絶滅のようすを――それぞれの仕方で思い描いているのだろう。アインシュタインが優しく若い女性にいう。彼女の歳――二十二歳？　二十五歳？――で無の感覚をもつことは、ありえないとは言わないが、じつにめずらしいことだ。これはきわめて大切な感覚なのだけれど、ふつうは歳をとらなければわからない。若い頃はすべてが前向きに進んでいく。すべてが存在する。存在が無に対してまだ優位に立っている。ところが無は、密航者のようにいつのまにかわたしたちの中に居すわってしまう。そしてあるときふと気がつくと、わたしたちは確実にそちらに向かって直進していて、もはやそれから逃れることはできない。無への航海、物事の終わり、物事の記憶の終わりが、明日の朝、もしかすると今晩にも迫っているのだ。

若い女性は驚く。アインシュタインは今のような状態でも――もっとも彼女はそれがどういう状態かをはっきりさせようとは思わないし、目の前で彼女を見つめている人物も、自分がこの部屋でいかにも本物の人間のように存在していることに関して何のコメントもしないが――存在するものとしないものをめぐる議論に興味があるのか。

「いや、興味があるというのではありません。憶えているというだけです」

質問がいくつか彼女の喉まで出かかっているかもしれない。彼は何でできているのか、どういう存在なのか、等々。けれども彼女はこれらの問いを呑みこむ。どれも単純すぎるし、場違いだろう。彼女はこの建物に入り、大きな階段を上り、たいして待ちもせず、ヘレンという名の女性の案内でこの部屋に通された。万事がすらすらと進行した。努力もいらず、妨害もされず、スフィンクスに難しい謎をかけられることもなかった。ちょっと遅れたために逃したり、待たされたり、忘れられたり、間違われたり、通過のための儀式（身分証明や来訪目的の説明）にひっかかったりという、よくある時間的障害がとつぜん消えてしまったようだった。何もかもがスムーズに、楽に進み、日頃いろいろな場面で誰もが頻繁に感じる時間的拘束から解き放たれたようだった。

彼女はありえない世界にするりと入り込んだのだ。あたかも時間の役割そのものが変わってしまったかのように。時間がみずからの意志で単なる想念によろこんで従ったかのように。

これと似たようなことはある種の演劇や映画でも起こる。しょせんは偽物で、舞台装置も俳優もちゃんと見えているのに、あまりにも説得力が強いために、舞台で起こっていることを本当だと思ってしまうのだ。あくまでも作り物であることを知っていながら現実と同じ重みで受けとめる。イギリス人はこの特別な時間のことを「不信の一時停止（suspension of disbelief）」と呼んでいる。懐疑心をカゴに、いやカッコに入れて宙づり（suspension）にし、今この瞬間、他の何よりも強く訴えかけてくるものを現実として、あるいはより高次のドラマチックな真実として受けとめるのだ。

そのあとで、もちろん不信は戻ってくる。懐疑心はわたしたちの体の一部といってもよいくらいなのだから。もしそれが戻らず、真実と出会ったことを確信したままでいたら、大急ぎで、その幻想を大事にしてくれるカルト教団に入るだろう。そうなったらおしまいだ。

連続と不連続

若い客はふたたびあたりを見まわす。少し眺めているうちに何となく、入ってきた時にはあった物がいくつか別の物に置き換わったような気がしてくる。今いる部屋――いると思っている部屋というべきか――の形そのものも、どこかぼんやりとして定まらないところがあるようだ。それでも彼女はやはり日常の秩序に戻ろうとは思わない。戻りたいとも思っていないらしい。それどころか、せっかく大胆に、無邪気に、思ってもみなかった異次元に入り込んだのだから、この状態を心から楽しんでいるにちがいない。通常の時間は（もしかしたら空間も）今のところ彼女を大目に見てくれている。好奇心はあまり剝き出しにしないほうがよいだろう。でないと魔法が解けてしまうかもしれない。

「今でもお仕事してるんですね」

と彼女はいう。

「そうです。今はこれしかすることがないのでね。講演会や署名はほとんど頼まれません。現在の地政学的な状況もよくわかりませんし……。わたしは仕事をするためだけにここにいるのだとも思います。ときどきは。そうです、ときどきそう思います。考えは光に似て、連続でもあり不連続でもありますから」

「どういう意味ですか。説明してください」

アインシュタインはふたたび腕を広げ、ふっと力を抜いて手を腿《もも》の上に落とす。音はしない。いつものしぐさだ。彼はときどき漫画の登場人物のようなしぐさをする。童話に出てくるおじいさん、たとえば『ピノッキオ』のジェペット爺さんのような。

「説明、説明か……世間てやつは本当に世話のやけるものだ。いつでもすべてを理解したがる。いいでしょう、説明してみましょう。まえにもよく説明したものです。とにかく、説明しようとはしました。あちこちで。何かを主張するには理由を言わなければなりませんから。ただ、説明するだけではかならずしも十分ではないのですよ」

「といいますと？　説明してください」

「何ですか、わからないふりをしないでください。一番大事なことじゃありませんか。何かを説明してもらおうというなら、まず理解したいと思い、理解するつもりになってくれないと。でなければコンクリートに向かってしゃべるのと同じことになってしまう」

「わたしは理解したいと思ってますし、理解するつもりもあります。勉強したいとさえ思っています。だからこそ来たんです、直接、先生のところへ。署名なんてお願いする気はありません。主義主張のためじゃないんです。先生をだしに使ってお金儲けしようなんて思ってません。もう少し知りたいだけなんです。でもいろいろ読んだり、人に聞いたりしたところによると、先生のおっしゃることは単純ではないので」

「もちろん物事は単純なほうがよい。わたしだってそう思います。世の中、そのほうが楽だ。でもこの単純というやつは、たいていは嘘だと思うのです。嘘ではないにしても、ごまかしでしょう。だって物は、物そのものは、単純でも何でもないのですから。それだけは確かです。わたしたちは単純な世界とはおさらばしました。物質ほど複雑でやっかいなものはありません」

「何とくらべてですか」

「え？」

「いま『物質ほど複雑なものはない』っておっしゃいましたけど、頭の中で何と比較したんですか。物質とくらべられるものなんて、物質以外にないんじゃないですか」

アインシュタインは彼女を見つめながら微笑み、真に問題を理解している者として、彼女が今いったことの重みがよくわかっているというようにうなずく。彼はささやくように言う。

「よくわかりましたね。物質は時空と不可分です。比較の基準はありません。わたしたちが単純だと思うものとくらべるしかない。物質を何かとくらべるとすれば、物質でないものとくらべることになりますが、そんなことはまったく無意味です。時空と何をくらべるというのでしょう。わたしたちだって物質の歴史のある瞬間、時空のなかの一瞬です。それを意識と呼んでもかまいません。そしてわたしたちはどう見ても『心』とか『精神』とか呼ばれるものをもっている。わたしたちがそう呼んでいるのです。わたしたちの精神は、自分が精神であることを認めます。それは知りたがり、理解したがる。そんなふうにできています。よろしいですか？」

「はい」

「けれどもこの『理解する、わかる』という言葉、これはいったい何を意味しているのでしょう？　何と説明すればいいのでしょう？」

「でも先生はおっしゃいましたよね、この世で一番理解できないことは宇宙が理解できることだって」

「わたしが？」

「そうです」

「きっと冗談で言ったのですよ。あるいはその日は楽天的な気分だったとか。誰かをやっかい払いしたくて、もっともらしいことを言ったのかもしれません。決まり文句には用心しないと。それこそ単純な見かけにだまされる危険があります。とにかく、わたしは『理解できる』なんて言ったおぼえはありません。それはちょっとしたミスで、むしろ宇宙がわたしたちの『手が届くところにある』とか、宇宙がわたしたちの方程式にしたがうという意味で基本原理に『還元できる』とか言うべきでした。ところで、わたしたちは説明することの難しさについて話しているのですから、ひとつ例をあげてみましょうか。たとえば、たった今思いついたのですが、連続と不連続はどうです。これらの言葉の下に何が隠れているか、何か考えをお持ちですか」

「はい、そのつもりです」

「ではどうぞ、言ってみてください」

これが一種の入学試験であることを察した彼女は、連続と不連続を簡単明瞭に定義しようとするが、もちろんすぐに行きづまってしまう。「連続」、つまり途切れたり、割れたり、折れ曲がったりせず、同じ状態で続いていく力や出来事を思い浮かべようとすると、「不連続」、つまり間があいていたり途切れていたりする、連続とは正反対のもの、しかもそれとは切り離せないものを思い浮かべずにはいられない。けっきょく連続というものは不連続の助けがなければ考えられないらしい。逆に不連続もまた連続がなければ考えられないのだろう。

アインシュタインはこの小テストをほんのお遊びとしか考えていないらしい。指を立てて彼女に質問するが、これはきっと助け船のつもりだろう。

「それではおたずねしますが、円はあなたにとって連続ですか、それとも不連続ですか」

「連続です」

「では直線は？」

「不連続です」

「たしかに？」

「そんな気がします。直線には始めと終わりがあって、そこで切れていますから」

「ある意味ではそうです。あなたは世間の人と同じ意見をもっている。当然です。円には始まりもなければ終わりもない。これに対して直線はどこかで始まり、どこかで終わる。どうしても終わる。だから直線は不連続で、円は連続だ。このことは疑う余地がないように見えます。ところがその反対も言えるのです」

「反対？」

「ほとんど反対です。直線を構成している点はどれも隣の点とつながっています。その意味で直線は連続といってもよいのです。不連続なのは点線でしょう」

「そういわれればそうですけど」

「直線は無限だといってもよい。頭のなかでどこまでも遠くに伸ばすことができるからです。一方、円は閉じていて、有限です。じつをいうと、連続の原形は虚空、つまり広大無辺の空間だそうです。そして不連続の原形は粒、つまり原子だそうです。まあ、いいでしょう。あなたの最初の印象に戻りましょう。それが一番一般的ですから。それに、一部の哲学者や科学者だって、長いこと円を完全な図形とみなしていたのです。彼らによれば、円は神の創造性のイメージで、直線はわたしたち人間をふくむ生き物の有限性のイメージでした」

「わたしたちの命って、直線だったんですか」

「そうです。始めがあって終わりがある。どちらの方向にもこれを伸ばすことはできませんでした」

「それで、神さまのほうはぐるぐる回るしかなかったんですか」

「人間がそう決めたのです。神さまのふるまいは円にしたがうと。円は始まりもなければ終わりもない永遠の象徴でした。星が円形や球形だと考えられていたのもそのためです」

「球形じゃないんですか」

「その問題には深入りしないほうがいいと思います。でないと大変な遠まわりをすることになる。いや、もちろん天体の中には、少なくとも惑星がそうですが、球形に見えるものもあります。でもそれはまったく別の理由からです」

「神さまとは無関係ってことですか」

「わたしの知っているかぎりではそうです。ところで、円と直線が対立していたのははるか昔のことで、もうずいぶん前にそれは解消しています。そのためにわたしが出て行く必要はなかった。円と直線は今ではひとつになり、混ざり合っています。厳密に考えれば区別できないくらいです」

「そうなんですか」

「そうですとも。どちらも思考の産物ですから。根っこは同じなのです。わたしたちは長いあいだ物事を直線的に考えてきました。少なくともそうしようとして、厳密で明快な言葉を使い、論理とか理性とか幾何学といったものの力を借りて、直線的な思考法でできるだけ速く、できるだけ簡単に、点から点へ移動しようとしました。こうして三角形へ、正方形へ、四角形へと発展してきたのですが、突然そこに曲線が侵入してきたのです。曲がりくねったものが！　これはだれも予想していませんでした！　どこもかしこも曲がっています！　わたしたちはそこに頭から滑り込みました！　何と空間まで曲がってしまったのです！」

「先生のせいです」

「わたしの？」

「空間は曲がっているとおっしゃったじゃありませんか」

「ああ、時空が曲がっているといったことか。でも、そうするしかなかったのです」

「どうしてですか」

「それは、科学というものが急な思いつきや奇跡的なひらめきで構築されるのではないからです。科学の仕事はひとりではできません。他の研究者の助けや、支えや、同意があってはじめてできるのです。科学は日々、現実とよばれる千の頭の怪物と対決しています。本当に厳しい戦いですよ。わたしたちはいつでも新鮮な頭脳を必要としています。当然、すべてを、それこそすべてのものを、わたしたちをつくっている物質に引き戻して考えようというのですから。極言すれば、自分のことは忘れ、脇に置いて、見かけを超え、人間さえ超えることができなければなりませんでした」

「でも、今、先生のおっしゃっている考えというのは、人間の考えなんでしょう？」

「今までのところ、それしかわかっていませんのでね」

「残念ですか」

「それはそうです。人間以外の考えに出会えるとすれば、それはもう天地がひっくり返るほど凄いこと、途方もなくすばらしいことですからね。たとえば幻の大陸が発見されたとか、未知の植物や鉱物が見つかったというようなことより、はるかに衝撃的です。でも、そういう人間以外の考え、地球外生物の考えというのは、まことに残念ですが、想像するしかありません。ですからそれらはすべてわたしたちから出たものです。そうでないように見せかけても――たとえば並行《パラレル》宇宙《ワールド》の赤黒い生き物や巨大蜘蛛から出たのだといってみても――やはり間違いなく人間のものなのです」

「さっき、たしか先生はおっしゃいましたね、人間の考えは連続でもあり不連続でもあると」

「我が身で検証しましたから。たびたび」

「どんなふうにですか」

「これを放心といいましてね、だれでも身に覚えがあるものです。わたしはヨットをやりに行くときは――といってもささやかなもので、ドイツの湖を走らせるだけですが――いつもひとりで出かけたものです。いわゆる気分転換をしたかったのです。操縦はひととおり心得ていました。船を走らせるためにしなければならないことだけを考えながら岸を離れるのですが、突然別の考えに心を奪われ、いつのまにかそっちに気をとられて、舵柄《かじえ》を手から離し、何もかも忘れて、風に流され水に流されて漂っているのです。それはまるで不連続が連続に――たえずわたしの頭を占めているものに――置き換わったようでした。もちろん、しばらくの間だけですよ。でもそのしばらくが一時間か二時間つづくこともありました。風向きが変わっても、雨雲が近づいても、ときには岸から注意する人があっても、まったく気づきませんでした。自分の考えの虜《とりこ》になり、自分が今何をしているのかも、水も、風も、危険も、わたしの小さなヨットのことも、そういうことはすっかり意識から消えていたのです」

「あやうく溺《おぼ》れるところだったとか？」

「何度もありました。でもポツダムではありません。他の場所、アメリカの海です」

「たしか先生はおっしゃいましたよね、考えは光のようだって」

「はい。それで？」

「光もやっぱり連続でも不連続でもあるんですか」

「まさか知らないなんてことは」

「知っていなくちゃいけないいんですけど……」

アインシュタインはほとんど冷たく話をさえぎり、今、学校では何を教えているのかとたずねる。そして「彼の時代」、少なくとも一九二〇年代以降は、光が波であると同時に粒子でもあるという光の二重性（波は連続、粒子は不連続）を知らない者はなかったと言う。この矛盾を認めたのは知性の偉大な勝利なのに、それを忘れるとは何ごとであろうか。

彼が言うには、自分は子どもの頃から光に導かれていた、光にとらわれ、魅了されていた、光こそは世界の大いなる謎であり、世界の秘密をにぎる鍵である、すべての問いは光から発し、光に還る、光は誕生であると同時に死であり、表であると同時に裏であり、問いであると同時に答である。自分が一種の天体となって、光とともに宇宙に発射される思考実験を何度試みてきたことか。

「連続と不連続」と少し興奮のおさまってきたアインシュタインは言う。「そう、これが物事の本質のようです。わたしはこの問題でデビューしました。マックス・プランクというドイツの物理学者がいます。彼は、ある条件のもとに放出されるエネルギーが、従来定説とされ、教えられていたのとは反対に、連続ではないことを発見しました。それはふつうの水流や電流などとは違うのです。そうではなくて、よく調べてみるとしゃっくりが出るようなもので、ごく微量ずつ切れ切れに放出されることがわかりました」

「量子となってですか」

「そうです。では量子という言葉はご存じなのですね。プランクはすばらしい理論家でした。科学者はみな彼のおかげを蒙《こうむ》っています。創意に富み、骨の髄まで正直な人でした。自分が大変な現象を見つけてしまったことに気がついて、一九〇〇年頃、ベルリンで息子に打ち明けたようです。でもこの発見からどういう結果がもたらされるか、すべてを見て取っていたわけではありません。というより彼はそれを見ようとしませんでした。おそらく、自分が世界に疑問を投げかけたことを自覚していたでしょう。実験室で究極の神秘に近づいたこと、そしてそれを解明する可能性に近づいたことも感づいていたと思います。でも彼は扉の前でためらいました」

「その扉は先生、先生が開けたんですか」

「さあ何ともいえません。とにかく開けようとはしました。わたしたちの前にはいくつかの扉がありました。わたしは良い扉を、少なくとも良い扉のうちのひとつを開けたようです。ともかく、そんなふうに言われてきましたし、今も言われています」

「その扉を開けるために先生は何をしたんですか。どうしてその扉を選んだのですか。その扉のどういうところが特別だったんですか」

アインシュタインは答えるまえに、彼女が数学を知っているかどうかをたずねる。

「ほとんど知りません」

「こんなことをたずねるのは、どれくらいのレベルで話せばよいかを知りたいからなのです。おわかりですか。レベルの問題は何より大切です。ダライ・ラマが二度ここに来たことがありますが、彼はレベルの問題にとても敏感でした。たとえばあなたが素朴にたずねているのに、わたしが専門的に答えれば、あなたは何もわからず、何の得るところもないでしょう。わたしだってそうです、とっくにわかっていることを言うだけなのですから。逆に、だれかが専門的な答を期待して質問したのに、子ども相手のようなことしか言わなかったら、これまたどちらにとっても時間の無駄ですし、わたしはバカだと思われてしまいます。その人もせっかくここまでやって来た甲斐《かい》がありません。ですから何よりも先に議論のレベルを適切に定めなければならないのです」

「ダライ・ラマはどうやって先生に会いに来たんですか」

「知りません。たずねませんでした」

「だれから住所を教えてもらったんですか」

「きいていません」

「アポイントはとったんでしょうか」

「ヘレンにきいてみないと」

「おもしろかったですか」

「はい、レベルが定まってからは。でも彼の場合、事は簡単ではありませんでした。ある分野のことはとてもよく知っているのに、他の分野のことになるとほとんど知らないという具合なのです。でもある種の話題、たとえば連続と不連続などはわりにはやく話が通じました。何しろ彼の背後には数千年にわたる柔軟な精神の伝統がありますからね」

　アインシュタインは話をやめ、まるで今初めて見るように若い女性を眺め、たずねる。

「そういえば、あなたはどうやって手に入れたのですか、ここの住所を」

「消去法です」

「というと？」

「インターネットで先生の住所を全部探し出して、電話をかけまくったんです。何ヵ所かは直接押しかけました。たいていは追い出されましたけど。十一番目でやっとここに来ました」

「それで、会いに来たわけは？」

「先生について何か書かないといけないんです」

「論文ですか」

「何でもいいんです」

「頼まれたのですか」

「自分で選びました。正直言って、とても先生にお会いしたかったんです。先生について書くというのは、あれは口実です。お名前もお顔も知ってました。世界的に有名ですもの。あるとき本屋さんに行ったら栞《しおり》をくれて、そこに先生の写真が印刷されていたんです。それを夜、本を読むとき手に持って表にしたり裏にしたりしながら、先生の目を見て考えました。この人はどういう人なんだろう。本のページなんかに挟まって何をしに来たんだろう。彼がわたしの人生を変えたっていわれているけど、本当だろうか。何かまだ言いたいことがあるのかしら」

このとき秘書が——といっても若い女性がそう思っているだけかもしれないが、とにかくヘレンという名の褐色の髪の女性が——ノックせずに部屋に入ってきて、書斎机の上に郵便物の山を積み上げる。

そこに見えるのは昔の切手が貼ってある封筒、最近の本、銀紙で包んだチョコレートの箱、新聞、花模様の封筒、いろいろな国から来た科学雑誌などだ。よく見ると、ヘブライ文字やヒンディー文字で印刷されたものもある。

若い女性がたずねる。

「今でも手紙が届くんですか」

「はい。ごらんのとおりです。ここに来るものと別の住所に来るものと」

「他の住所もあるんですか」

「転送してくれるのです。わたしはここを動けませんのでね」

「返事は書くんですか」

「質問にはいつも答えるようにしてきました。何をきかれても、どんなに突飛な質問でも。ご存じないでしょうが、世の中には変わり者がたくさんいて、実にいろんなことを書いてよこします。わたしが重大な間違いを犯しているとか、宇宙は、じつは、ホワイトソースをピシャピシャ叩《たた》いている大天使がつくったのだとか、あるいは、光る塵《ちり》でできた巨人がつくったのだとか。そしてその巨人は少しずつ壊れてしまったけれど、いつかは元に戻る、そのとき地球に大惨事が起こるとか……」

「そういう人たちに返事を書くんですか。全員に？」

「はい。少なくとも二、三行は」

「何て書くんですか」

「ほとんどの場合は向こうの主張を認めて、助けてくれたことに感謝します。これこれの点について考え直します、あなたのおかげです、と言ってやるのです。ふつうは二、三回やりとりすれば、そのあとは何も言ってこなくなります。もしわたしが細かい議論を始めれば、かならず返事をよこすでしょう。そうなったらきりがありません」

「何なんですか、その、ふつう、彼らがしてくる質問というのは」

「曲がった時空のなかで、わたしが神に出会ったかどうかをよく訊いてきます。これが一番多いです。神さまは何と言ったのか、何語で言ったのか教えてほしいというのです。でなければ、わたしのことをサタンだと思っています。これも彼らにとっては興味ある問題です。彼らにいわせると、わたしは科学を持ち逃げして神と縁を切ろうとしたサタンなのだそうです。そんなわたしを神さまはどうして放っておいたのか。なぜ殺さないのか。それが知りたいのだそうです。彼らが神さまだったら、こんなにぐずぐずしないと。ちゃんとわたしを消すだろうと。念のために。そのほか、太陽や、木星や、その他の星の住人について教えてほしいという人もいます。彼らにいわせると、わたしはそういう情報をもっているのに、国際政治の秘密に関する事情から、どうしても教えたがらないのだそうです。その理由はもちろん、わたしがいくつかの陰謀に加わっているからです。それからよく幻覚や幻の内容もきかされます。煉獄《れんごく》のこともよく耳にします。煉獄はオリオン座にあるという人が多いです。そこに住む人を何人か知っているのだそうです。中には有名人もいるとか。あるアメリカ人の靴屋は短い手紙をよこして、あらゆる疑問にこたえる哲学的な解答を提案してきました。それがあれば人類が誕生以来抱いてきた、ありとあらゆる疑問が解決されるそうです。十五分もあれば説明できると書いてありました」

「その人とは会いました？」

「いえ、会っていません。返事は書いたはずですが、憶えていません。わたしの記憶はときどき霧がかかったようになって、これまで来た道がはっきり見えないことがあるのです。そういえば一度、アメリカで死刑囚に返事を書いたことがあります。彼は物理を勉強したかったのですが、残り時間が少ないので、どうしたらよいかを尋ねてきました。それから、自分をキリストだと思いこんだ若者に会ったこともあります。彼の母親がどうしてもと言うものですから。この若者は山にこもったきり、下りてこようとしませんでした。二人で一時間か二時間、森の中を散歩しました。わたしは彼に、イエスは山を下りて人々に語りかけた、と言ってみましたよ」

「効き目はありました？」

「いやいや。彼は本当に頭が変になっていました。誰が何をいっても聞かなかったでしょう。ただ彼の母親がわたしを当てにしていたものですから。理由はわかりませんが。わたしはただの物理学者にすぎません。それなのにまるでドルイドか、預言者か、グルか、メシアか何かのように相談を持ちかけられるのです」

「間違った預言者？」

「そのとおりです。手紙を書いてくる人はたいていわたしにとても批判的です。彼らは世界の奥底に人間の知識を堕落させたがっている巨大な力がある、何者かによって置かれた悪魔的な力があると思いこんでいます。彼らはガリレオも疑っています。ガリレオは神を信じていたのですよ。それでも彼のことを、地球に送られてきた地獄の使いではないか、などと言うのです。それというのも、地球が本当に丸くて回っているのかどうか、時々わからなくなるからです。そこでわたしに今いる場所からそれを確かめてほしいと言ってくるのです」

「今でも？」

「はい。ガリレオの時代から四世紀たった今でも！　そしてわたしがガリレオは正しかったと答えると、こんどはわたしを間違い王国の回し者ではないかと疑いはじめる。さっき言ったサタンですね。本当にバカバカしくて笑ってしまうような話ですが、人間というものはそんなふうにできているのです。考えはゆっくりとしか浸透しないし、おまけにひ弱です。最上のものでもありません。この世で最も公平に分けあたえられているものでもなく、むしろその反対です。多くの臆病な心にとって、知るとは誤るということ、道に迷うということです。わたしたちの中には何か魔術的なもの、呪術的なものが残っています。疲れ知らずの笛でわたしたちを惑わし、ぼろ儲《もう》けする魔法使いが喜ばれます。知識より信仰、確かなことよりくだらないことが好まれるのです。そういうものです」

「先生の今の状況も混乱のもとですよね」

「といいますと？」

「こんなふうに話したり笑ったりしているのを見ていると、何か別世界から来たみたいですもの」

　アインシュタインはまた笑う。今度の笑いは最初のときより短い。腕を広げてから閉じ、まじめくさってこう言う。

「別世界はありません。そのくらいはおわかりでしょう？　この世界以外に世界はないのです」

「じゃあこう言いましょう。先生は人がほとんど行かない次元にもぐり込んだと」

「ああ、それならありえます。わたしも、このことについて考えるときは自分にそういいきかせています」

「それ以上はわかりませんか」

「わたしの状況についてですか。そうです、何もわかりません。なぜここにいるのかも、どうやってここに来たのかも。黙って受け入れる、それだけです。他にしようがありません。どうすればここを出られるのか、わたしにはわかりません。それに、ここを出てどこへ行こうというのか。何をしに？」

「わたしが訊きたいのは」と短い沈黙の後、若い女性が口をひらく（今のところ彼女はもうひとつの次元について追求するつもりはない。あとで戻ってくるだろう）「とても単純なことなんです」

「その言葉にはいつも注意してください。単純な質問はありません。単純に見えるときにかぎって恐ろしく複雑な問題だったりするのです」

アルベルト・アインシュタインは書斎机の椅子のほうに歩いていきながら――古い寄せ木の床なのにまったく軋《きし》まない――つぶやくようにくり返す。

「単純なものにはいつも用心しないと。とくに見かけが単純なものには。さっき言ったでしょう。

ただ……」

「ただ何ですか」

「単純なものは心をそそるのですよ。わたしにも覚えがあります。わたしにとっては実はそれが一番大きな誘惑、一番の願望なのです。混沌として見えるものに単純な解読法を適用するのは……」

言葉がとぎれる。とろんとした眼が一瞬宙を見すえる。彼がしゃべるたびに密な白い口髭《くちひげ》が語気を示してふるえる。若い女性は声に出して独り言をいう。どうして一部の男性は鼻の下の部分を隠すのかしら。どうしてそこを口髭で隠すんだろう。飲食物で汚れることもあるだろうに。洟《はな》をかむときも不便だろうに。身を守るため？　自分が口にした言葉に仮面をかぶせるため？　フィルターをかけるため？　それともただの飾り？　ファッション？　男らしさのしるし？

たとえばアインシュタインの口髭。あれは研究の役に立ったんだろうか。ときどき髭をさわったり、なでたりすると、インスピレーションが湧くのかしら。アイデアが浮かんだり、新しい方程式が生まれたりするのかしら。

彼女はごくふつうに声を出した。ところがどうも空気が彼女の声のために働くのを拒み、言葉を運んでくれなかったらしいのだ。実のところ、男性の口髭一般とアインシュタインの口髭にかんする彼女の陳腐な考察は、だれに向けられたわけでもなかった。つまらないことがちょっと頭をかすめただけ。それを声に出してみただけだ。それにしても、何も反応がないというのはおかしい。まるで何も言わなかったみたいだ、と彼女は思う。

仕事机に向かい、両手をその上に置いて、アインシュタインは若い女性を眺め、ふたたび彼女に微笑みかける。今彼女が言ったことは何も聞こえなかった、したがって答えることは何もないとでもいうように。

あいかわらず、鍵が鍵穴に合っていないという、ときどき経験するあの感じ。

アインシュタインが言う。

「はい、ではお話をうかがいましょう」

2 アインシュタインさん、語り始める

ドアの向こうはニューヨーク

彼女はバッグをあけ、テープレコーダーをとりだしてたずねる。

「録音してもいいですか」

「ほう、わたしはてっきり」と彼は言う。「もう何かにつないでいると思っていましたが？」

「やる前にちゃんと断りますよ」

「あんまりスパイされてきたものでね。あなたにはわからないでしょう。スパイされ、家宅捜索された、と思います。住んだ国はどこもそうでした。朝になると書類や本が妙に散らかっていることがあるのです。だれかがアイデアを探りにきた。そう思いながら、自分にいいきかせたものです。誰が見たって大したことはわからないだろうに、と。風や、となりの猫のしわざかもしれないし」

「今でもあるんですか、そういう夜の訪問？」

「いや、ここではありません。ないと思います。その点だけは安心です」

「じゃあ録音してもいいですか」

「どうぞ。でも用心したほうがいい。ときどき録音していく人がいますが、テープに何も残らないのです」

「どうしてですか」

「わかりません。わたしたちを包んでいる電磁場というのは、そのおかげで科学があり、科学者も自分を表現できる、そして何よりその最も美しい産物がわたしの愛する光であるわけですが、ときどき思いがけないいたずらをするのです。わたしが何もかも説明できると思わないでください。でもわたしなら、念のためにメモをとっておきますね」

「わかりました」

女子大生は遠慮なくアインシュタインの机の上からメモ帳と古い万年筆をとり、インクをペン先に流すために万年筆をふる。彼女が歩くと、床は軽くきしむ。彼女は小さなパイプ立てを押しやり、椅子を近づけて座ろうとして、壁にかかった版画に気づく。

それを二度眺め、そちらに二、三歩近づいて（それは昔の男の人を描いた白黒の肖像画だ）、たずねる。

「これ、ニュートンですか」

「そうです。アイザック・ニュートン。よくわかりましたね」

「むずかしくありません。そこに名前が書いてあります、顔の下に。それにわたし、先生の仕事場の写真をたくさん見たんです。部屋の壁によくこの肖像画がかかってました」

「そのとおりです。どこに引越すときも持っていきましたよ」

彼女はさらに近よって版画を眺め、さっき入ってきたドアの方を示しながら言う。

「この人、さっきあちらの、待合室で見かけた人じゃないかしら」

「まだいるんですか」とアインシュタインはびくりとする。突然、軽い恐怖を覚えたようだ。

「そのようですけど」

アインシュタインは恐れをなしただけでなく、迷惑そうでもあり、腹立たしそうにさえ見える。

「わたしがここに来てからというもの」と彼は声をひそめる。「もう何度もやってきました。しつこいのです。わたしが生きている間は会えなかったものだから、今になって来る。かといって、むげに断るわけにもいきませんし」

「何が目的なんですか」

「どうしても話がしたいのです。わたしを説き伏せたいのです」

「先生が間違っていることを、ですか」

「でしょうね。でも、どうもあの人は苦手です。とくに人柄が。もちろん偉大な人物です。それは間違いない。偉人の一人です。直観は鋭いし、系統立っている。巨人です。真実すばらしい法則をうちたてました。重力がどういうものであるかを示し、その働きを説明したのです。その計算は感動的です。今日見ても感動します」

「でも？」

「うーん、何と言えばいいか。どんな原因もそれぞれ一つの結果を生み、異なる原因からは異なる結果が生まれる。すべてはたゆまず作動している。彼は世界を解明したと思っていました、いくつかの細かい点は別として。彼はこう思っていました。ほら、世界はわたしが言ったように動いている。わたしは臆測でものを言ったりはしない。自分の言うことはすべて証明する。わたしは神を理解した。そのひそかな思し召しさえも、と」

「間違っていたんですか」

「いや、間違っていたとはいえません。彼のシステムはよく持ちこたえました。彼の視点からすれば、間違った点はありません。でも彼は世界を小さな隅から、ある角度で見ていただけでした。あの時代にはそうするしかなかったのです。当時はいろいろなものの大きさが知られていませんでした。たとえば星と星をへだてる距離とか、原子や素粒子のような微細なものをへだてる距離とか……。計算の基礎も固まっていなかったし、測定装置もありませんでした。それに何といっても彼は昔の人間です。人の考えは時代とともに変わります。そればかりか、時代が生み出した物によっても変わるのです」

「どういう意味ですか」

「科学が生み出した新しい機械、少なくとも彼が知っておくべき機械のなかに、どんなに説明してもわかってもらえないものがあるのです。どう言えばわかってもらえるのかわかりません。たいへんな時間のむだです。たとえば彼はエレベーターを知りません。飛行機も知りません」

「どうしてエレベーターなんですか」

「ふむ。こちらに来てください」

アインシュタインは立ち上がり、三つのドアのうちのひとつを開けにいく。若い女性もメモ帳と万年筆を置いて立ち上がり、あとを追う。が、二歩も行かないうちに思い直してテープレコーダーをとりに戻り、肩にかける。さっき彼女は、待合室にニュートンがいるのを大して怪しみもしなかった。今になって疑問が湧いてきたとしても——湧いてきたにきまっているが——それについて考えるのはあとにすればよい。たとえば、ここはどこなのだろう、とか、わたしはどうなるのだろう、とか。あるいは、わたしは目覚めている。これは断じて夢ではない。とすると？　わたしはまだ生きているのだろうか、それともこの曖昧な書斎は、あの世の岸につうじる架け橋なのだろうか、等々。

むこうみずな旅人が自分でも知らないうちにあの世に渡ってしまい、あいかわらず生きているようにふるまい続ける、そんな昔話や映画があったのを彼女は思い出す。真の生者たちはそばに彼がいるとも知らずにしゃべっている。旅人はそれに驚き、ときに苛立《いらだ》つ。だがどうしようもない。自分が網にかかったこと、帰路は完全に断たれていることを、遅かれ早かれ認めるしかないのだ。

彼女もそうなってしまったのだろうか。

ときどき彼女は左胸に手をあててみる。心臓の鼓動をたしかめ、安心する。呼吸もしているし、しゃべりも、歩きもする。彼女が歩けば床板はきしむ。大丈夫、まだこの世にいる、と彼女は思う。それより問題なのは、あとどのくらい時間があるのかわからないことだろう。ここでも彼女はふつうの生活のように、時間に従属しているのだろうか。それさえわからない。腕時計は止まったままだ。もし今突然五番目のドアがあいて、ヘレンがあらわれ、有無を言わさぬ口調で、面会はもう終わった、出て行きなさいと言われたらどうしよう。

時間はあとどのくらいあるのだろう。どういう時間？　その時間は誰がくれるのだろう？　疑問はまだある。でも、あとでいい。

あいたドアの向こうは階段室で、真正面にエレベーターが止まっている。アインシュタインがそちらを手でさし示しながら若い女性に言う。

「このエレベーターが見えますか」

「はい。でもここは何階なんですか」と上下左右に視線を動かしながら、彼女は答える。「そんなに高い所にいるとは思ってませんでしたけど」

「そんなことは気にしなくていい。高さとか何とかは……。わたしたちは居たい所にいる、というより居ると思うところにいるのです。それにしても、もうそろそろわかってこないといけませんね」

「はい、でも……」

おそらく彼女は何がわからないといけないのかを尋ねようとして、途中で質問を呑《の》み込んだのだろう。

階段の手すりから身を乗り出す。とても深そうだ。巨大な高層ビルの上階から見下ろしているような感じ。じっさい、わたしたちが身を乗り出して見ても、底は闇に沈んで見えない。

「想像してみましょう」そのとき、アインシュタインがいう。「わたしたちがエレベーターのなかにいると、突然ケーブルが切れたとします。さあ、どうなりますか」

「落ちます」

「落ちる。そうです、エレベーターもわたしたちも。大丈夫、怖がることはありません。エレベーターには乗りませんから。ただの思考実験です。想像してみましょう。わたしたちは落ちていくエレベーターのなかにいる。ただし、外には何の目印もなく、音もしない。わずかな揺れもないとします。想像できましたか」

彼女は集中する。アインシュタインはもう一度注意をくり返す。静かなエレベーター、夢にでてくるような、まったく音のしないエレベーターを想像してください。彼女は半分目を閉じ、静かに呼吸する。

すると本当に、すばらしく静かで安定感のあるエレベーターにのっているような気がしてくる。動いているかどうかもわからないほどだ。

アインシュタインがたずねる。

「想像できましたか」

「だいたい」

「どうすれば落ちていることがわかりますか」

「地面につけば」

「地面はないと思ってください。どこまでも落ちてゆくのです。どうですか」

彼女はふたたび目を閉じ、この目まいのするような終わりなき落下、完璧な穴のなかの完璧な落下を思い浮かべようとする。このくらいの思考実験なら何とかできそうだ。

アインシュタインが助け舟を出す。

「どうすれば落ちていることがわかりますか。下に引っぱられていることが。わたしたちは無重力状態になるでしょう。わたしたちにとって地球は消え失せ、存在しないも同然になるのです。それでは、わたしたちがのっているエレベーターの箱が、地面に置かれていたらどうでしょう。その場合は、もし外が見えなければ、箱が地球の表面で静止しているのか、それとも上方へ加速度を受けながら宙に浮いているのかわかりません」

急に彼女が目をひらいてたずねる。

「つまり、重力は相対的だということですか」

「そうです。もうおわかりですね。衝撃を伴わない運動は感知できません。すべてはそこから出発します。わたしたちは何も感じないままに自転し、自転しながら太陽のまわりを回っています。太陽系そのものも移動し、わたしたちの銀河系も動いているでしょう。たぶん宇宙全体も」

「そのことは先生、認めたんですか」

「宇宙が膨張していることですか？　もちろんです。はじめは静的だと思っていました。たしかにそうです。はじめは昔からの通説を信じて、固定された宇宙空間のなかでさまざまな恒星系が動くのだと言っていました。ところがそのうちにどの天文学者も膨張説を唱えるようになったのです。わたしは明白な証拠の前には頭を垂れます。強情っ張りではありません」

「だからすべては動いている。で、わたしたちは何も感じないんですか？」

「断じて何も。小川の岸辺の草むらに横たわり、岩間をながれる水の音に耳を傾け、風が木々の枝をゆするのを感じ、上空をゆく雲を眺める。それだけです。ほかの動きは感じません。わたしたちはこの地球上で、まったく静止していると思っているのです」

「それは証明されたんですか」

「何も感じないことが、ですか」

「いえ、わたしたちが動いていることが」

「それはもうずいぶん前に証明されています。わたしが保証します。飛行機に乗ったことはありますか」

「はい、もちろん」

「では来てください」

彼は書斎に戻り、踊り場とエレベーターに通じていたドアを閉める。家具の上に手を伸ばして、それまで若い女性が気づかなかった模型の旅客機をとりあげ、子どもがおもちゃで遊ぶときのように片手で持って動かしてみせる。

「飛行機のなかでは」と彼はいう。「とても大きな輸送用飛行機のなかでは、もし何も動かなければ、つまり空気の流れを乱さず、わずかな震えも起こさずに滑るように進んでいくならば、わたしたちが移動していることを示すものは何もないでしょう。まわりの物がいっしょに移動しているので、わたしたちは動いていないという印象をもってしまうのです。地球上でそう感じるように」

「大きな駅で」と今度は若い女性がいう。「列車が何台も平行にならんでいて、そのうちの一台がスーッと静かに動きだすと、自分の列車が動いているのか、それとも他の列車が動いているのかわからないことがありますよね」

「そのとおりです」

「このあいだ、先生に会いに来るために車で空港へ向かっていたんです。ボーイフレンドが運転してくれて、高速道路を走っていました。ちょうどそのとき、飛行機が着陸のために空港に向かっていて、それを眺めていると、本当にわたしたちの上空で止まっているような感じでした」

「ご自分が動いていたからです、同じ方向に」

「で、ニュートンはこんなことがわからないんですか」

「いや、もちろんわかりますよ。すでにガリレオも知っていて、彼はこれを『運動はなきが如し』と言っていました。この考え方はとても重要ですが、初歩的でもあります。とにかく、かなり前から知られていたことで、飛行機やエレベーターはなくてもよかった。ものが動くときは、かならず何かに対して動きます。たとえ列車がなくて、ガタゴト揺れる乗合馬車しか知らなくても、理想的な移動をイメージできる人はいました。それより難しかったのは、そして今でも難しいのは、尺度を変えることです。尺度を変えて、身のまわりの確認事項を宇宙全体に適用することのほうがよほど難しいのです。わたしたちは小さい尺度でものを見て、小さい尺度でものを考えます。とても小さい尺度で、それも直線の上で考えます。わたしたちの考えは古代の幾何学によって作られました。二千年の間、わたしたちは古代ギリシア人の目で世界を見てきました。それを脱するのは大変です。さあこちらへ、こちらへ来てください。また別のものをお見せしますから」

　アインシュタインはどこか興奮したようすで書斎を横切る。若い女性もテープレコーダーを肩にかけたまま後に続く。ときどきメモ帳に走り書きしようとするが、思うようにいかない。そこに彼がまた話しかける。

「科学をするとき、最初にしなければならないのは、見えるものを忘れるということです。というより、一見そう見えるものを忘れる、といいましょうか」

「たとえば、太陽が地球のまわりを回っているように見える、というようなことですか」

「そうです。わたしたちは今でも日が『昇る』とか『沈む』とか言いますが、それが正しくないことは十分承知しています。前からわかっていたのです。わたしたちが世界をありのままに見ていないということは昔からいわれてきました。目を習慣から解き放たなければならない、と。でもわたしたちは感覚の罠《わな》に、したがって言葉の罠にかかります。言葉はわたしたちの舌にこびりつく。わたしたちは言葉がないと話せませんが、言葉はいつもわたしたちに嘘をつくのです。さあ、これをごらんなさい」

彼は音をたてずに数歩進み、別のドアをあける。と二人はいきなり戸外にいる。陽光がさんさんと降りそそぎ、目の前には池があり、美しいミニチュアのヨットが水面をすべっている。これで子どもさえいれば、まるでチュイルリー公園かどこかのようだ。

若い女性はもう驚かないことに——今のところは——決めたらしい。彼女は今、モンマルトルのグレヴァン蠟《ろう》人形館か、あるいはどこかの幻想博物館で、親切な白髪のマジシャンに案内してもらっているようなものだ。しかもこのマジシャンからして、実在の人物かどうか疑わしく、もしかしたら最新のホログラムか何かかもしれない。けれども、ここでも彼女は、少なくとも今のところは、このまま気楽に距離を保ち、例の質問はしないことに決めたらしい。だから、あとを追っているわたしたちもそれにならうことにしよう。

「ヨットをごらんなさい」アインシュタインがいう。「あれに乗っていると思ってください。舟は猛スピードで走っています。あなたはマストの上にのぼり、テニスボールをマストに沿って落としはます。自然に手から放すのです。できましたか」

「と思います」

「ボールはどこに落ちますか」

「マストの下です」

　彼女はすぐに、反射的に答えた。

「たしかですか。ボールが落ちている間、まだ空中にある間にも、ヨットは猛スピードで進んでいるのですよ。それを考えましたか」

若い女性は少し考えて、断言する。

「はい、自信あります。マストの下に落ちます」

「よくできました！　そのとおり。正解です。大正解です。じつはこれ、テストなんですよ。いや、本当です。その答によって、その人の頭が、二つのタイプのうちのどちらであるかがわかるという。今でもです。でもご安心ください。あなたは現代人の頭をしています。ここだけの話、そんなことはあたりまえなのですがね」

「だれでもわたしのように答えるわけじゃないんですか」

「いやいや！　人々は頭をひねり、計算をし、ああ言ったりこう言ったりします。そしてけっこう間違える人が多いのです」

「でもどうしてボールはマストの下に落ちるんですか」

「それは、この状況では、ボールとヨットが一体となっているからです。同じシステムに属しているのです。別々に切り離すことはできません。飛行機のなかでも同じことです。コインを真上に投げれば、手のひらに落ちてくる。かなり高く投げ上げても同じことです。そしてこの場合もやはり、コインが空中にある数秒間、飛行機は全速力で移動しています。でもコインは飛行機といっしょに移動した。二つは一体となっていた。空気を共有していたのです」

「本当だ」と彼女は言う。

「そう、おっしゃるとおり、本当です。二つの物体、コインと飛行機は、一見空中では切り離されているように見えますが、それでも一体となっているのです。もう少し議論を進めることもできます。……ええと、今あなたはあの舟の上にいることになっているのだから……」と彼は池に浮かんだおもちゃのヨットを指さす。「今度はデッキにいて、マストの上から落ちてくるテニスボールを目で追うとします。ボールは直線を描いて落ちてきますね」

彼女は風を受けて池の上をすべるヨットを見つめ、マストの足元から見たボールの動きを想像する。

「そうです」と彼女は言う。「直線です。もちろん」

「では今度はこちら、岸にいると思ってください。ここからヨットを見ているとします」

「はい」

「ヨットは前進しますが、あなたは動きません。あなたはじっとしています」

「わたしはじっとしている」

「岸から見ても、ボールはやはり直線を描いて落ちますか」

アインシュタインが楽しそうに見ている前で、女子大生はしばらく考える。風に傾いた優美なヨットを目で追う。答は容易ではない。そう彼女は感じ、ためらう。アインシュタインが彼女をたすけるために、腕をとって書斎につれて帰る。

「こちらにいらっしゃい。黒板で説明しましょう。黒板はものごとをはっきりさせるためにあるのです」

彼は彼女を黒板の前につれていく。そこには同じヨットの図が二つ描いてあり——若い女性ははっきり覚えているが、さっきは描かれていなかった——そのひとつには岸から見たボールの軌跡、もうひとつにはヨットから見たボールの軌跡が点線で示してある。

そしてそれら二つの軌跡は同じではない。

「ほら」と彼は言う。「ヨットから見るとボールは直線を描いています。これについては疑う余地がありません。だれもが同意します。岸から見ると、舟が前に進んでいる以上、ボールは当然曲線を描かなければなりません。ボールを見ている二人、つまり舟から見ている人と岸から見ている人は、それぞれ異なる結論に達するわけです」

「で、どちらが正しいのですか」

「どちらも正しいのです！」

「すべては視点によって異なると？」

「もちろんです。すべては観察者がどこにいるかによって決まるのです。ボールは落ちながら直線を描き、かつ曲線を描く。これら二つの軌跡のうちの一方だけを選ぶことはできません。鉄道の駅でも、一人が列車のなか、もう一人がホームにいれば、同じことが観察できるはずです。そしてどちらも――見えるものは違っているのに――正しいのです。バスケットボールはお好きですか？」

彼女は何と答えればよいのかわからない。アインシュタインは彼女をつれて一つのドアの方へ行く。開けたとたんにアメリカ人の歓声が書斎に響きわたる。そこは巨大なスポーツ・アリーナだ。雑多な騒がしい観客が二チームの対戦を見物している。選手は大半が黒人で、わたしたちとは種が違うのではないかと思うほど背が高い。大きな革のボールのまわりで、敏捷に、器用に、走ったり跳んだりしている。

「あそこにいる選手をよく見ていてください」とアインシュタインが言う。「きっと『コースト・ツー・コースト』というのをやりますから。ボールを床につきながらコートを端から端まで走っていくのです。それがルールなんです。走りながらたえずボールを床につくのが。でもよく見てください。彼のかわりにボールをついているつもりになるのです。彼からすればボールは手から床へ、床から手へと一回はね返るごとに、まっすぐな線にそって動きます。当然ですね」

「当然です」

「でも、走っている彼をここから見ているわたしたちからすれば、ボールはあちこち動いていく。彼といっしょにコートのなかを動いて、折れ線を描いていきます。わたしたちから見れば、ボールの軌跡はちっともまっすぐではありません」

「で、どちらも正しいんですね」

「ヨットのときと同じです。目覚まし時計のチクタクいう音を想像してください。時計がすぐそばにあるときは、心臓の鼓動のように規則正しい音がするでしょう。今度はそれが超高速宇宙ロケットに乗った別の人のそばにあると思ってください。その人は時計と同じ速さで移動していますから、その人の耳にはやはり規則正しいチクタクが聞こえます。ところがあなたの耳には、そんなに遠くからでも聞こえるとすれば、このチクタクはデフォルメされて聞こえるでしょう。あなたにはその人に聞こえるよりも遅く聞こえるはずです。バスケットボールの軌跡が折れ線に見えた、つまりより長く見えたのとまったく同じです」

「じゃあ時間がのびるんですか?」

「そうです。これを相対論的な時間の遅れといいます。たしかに言葉は素っ気ないですね、少なくともこの場合は。でも現象そのものは美しい」

二人はしばらくマディソン・スクウェア・ガーデンにとどまり、試合のなりゆきよりもボールの動きを目で追っている。と、近くでトランペットの音が鳴り響く。旗色の悪いほうのチームがチャージド・タイム・アウトを要求したのだ。ショートブーツをはいたチアリーダーたちが、膝を高く上げてコートに入ってくる。赤い唇から白い歯がのぞいている。彼女たちは両チームの士気を盛り上げるためにやって来たのだ。むき出しの太ももを上げ、勝利の歌を歌っている。

アインシュタインは若い女性にそろそろ帰ろうと言う。彼女はうなずき、白いタオルで顔を拭《ふ》いている大きな黒人選手たちのほうへ最後の一瞥《いちべつ》を投げる。

ティコ・ブラーエ、ガリレオ……

ドアが閉まると、ニューヨークの喧噪《けんそう》は、首を絞《し》められて声が出なくなるように、すっと消える。アインシュタインはたった今まで会話が続いていたかのように話しはじめる。

「ものの寸法が違うこともあります。たとえば列車のドア。その中にいる乗客も。すべては見ている人の位置と、場合によっては速さによって違ってくるのです。おわかりでしょう。厳密さの使徒であるわたしたち科学者が認めざるをえないもの、それは一見両立しないように見える現象です。科学者にとって、正確で疑問の余地のない結果に達するのがいかに難しいか、わかっていただけると思います。たとえば、ちょっと話を戻しますが、光も同じです。光はかつて波だと思われていて、その波はエーテルという媒質によって伝えられる、エーテルというのは固いのに抵抗がないという奇妙な物質で、地球はそれに包まれている、と考えられていました。そう考える確かな根拠があったのです。けれどもわたしはエーテルをお払い箱にしました。それからわたしたちは光がとても小さな粒でできていることを発見し、それを光子と名づけました。それにもやはり確かな裏づけがありました。ですから、光は粒子だと言ったわたしたち新参の科学者は正しかった。でも光を波として記述していた人たちも正しかったのです。ところで、ティコ・ブラーエのことを聞いたことはありますか？」

いや、彼女はティコ・ブラーエなんて聞いたこともない。それがだれなのか、または何なのかも知らない。アインシュタインは簡単に説明する。ティコ・ブラーエは、十六世紀に生きて十七世紀に死んだデンマークの天文学者だ。すぐれた天文観測家で、肉眼で見える天体の動きを詳しく記述し、後世まで長く使われた天文図と天文暦を完成し——そして地球が動いていないことを証明した。

「えっ、証明したんですか」

「証明した、と思った。それも、とても頭の良い方法で。大砲を東と西に向けて発射したのです。もちろん弾の重さは同じ、火薬も厳密に同じ量です。もし、コペルニクスの言ったとおり、地球が太陽のまわりを回っているとすれば、西向きに発射された弾は東向きに発射された弾より遠くに落ちるはずでした」

「理屈ではそのはずだった」

「彼の見方からすれば、そう、それが理屈でした。弾が空中にある間に地球が動いたとすれば、西向きに発射された弾は当然遠くまで飛ぶはずだったのです」

「でも実際はそうじゃなかった」

「全然。東に飛んだ弾と西に飛んだ弾は、大砲からまったく同じ距離の地点に落ちました。そこで結論です。地球はたしかに動いていない。このためいろいろな現象、たとえば昼と夜のくり返しや何かを、別のやり方で説明しなければならなくなりました」

「ということは」と若い女性がいう。「実験だけじゃダメなんですね」

「実験するにしても正しい見通しを立てなければね。先入観にとらわれてはいけないし、実験の条件をつねにチェックしなければなりません。とても大事なのです、この条件というのが」

「で、皆はそのデンマーク人の言うことを信じたんですか？」

「数年は。それからガリレオがやってきました。そして別の実験をして、大砲と弾と地球が、たがいに切り離せないことを証明したのです。ヨットと同じ、飛行機と同じです。地球上の物体を地球と無関係にしたかったら、遠く宇宙空間まで持っていかなければなりません。彼らの時代にそんなことはできませんでした。考えることさえ」

「太陽を見るときって、わたしたち、駅にいるようなものなんですね。自分は止まっていて、他の列車が動いていると思っているんですね」

「それから、話を難しくするつもりはありませんが、たとえば太陽系の惑星なら、いくつかの列車が一度に動いていることも忘れてはいけません。それに、線路と線路の間隔が一定ではないこと も」

「駅そのものも動いてますか」

彼は二、三秒考えてから微笑んでこう言う。

「駅そのものも。きっと。それから周辺の街も。それから……まあ、そんなことはどうでもいい。列車や飛行機の話は忘れてください。こちらへいらっしゃい」

アインシュタインはふたたび彼女の手をとり——彼女のほうはほとんど触れた気がしない——部屋を横切って、三つ目のドアのほうへ連れていく。

満天の星の下で

三つ目の、先ほどマディソン・スクエア・ガーデンに通じていたドアをあけると、そこは突然、真夜中の星空の下である。満天の星が二人を包んでいる。

「宇宙をごらんなさい」とアインシュタインが言う。「見えているところだけでもよく見てごらんなさい」

夜空は驚くほど澄《す》んでいる。まるで今夜は、星の光を覆《おお》い隠す現代の街の光がすっかり消えてしまったかのようだ。いつもは空に漂っている煙がきれいに散ってしまい、空気が、おそらく昔はこうだったと思われるような純粋さと透明さを取り戻したかのようだ。

こういうとき誰もがそうするように、二人はしばらく黙っている。

「わたしは天文学者ではありません」とアインシュタインが口をひらく。「だからここに見える星座の名前をひとつひとつ言えるわけではない。その方面の専門家は別にいます。系譜学者のような人たちで、彼らは空の星のファミリーを実によく知っています。星座とよばれる小さなファミリーから、銀河とか星雲などとよばれる巨大なファミリーまで」

「わたしの叔父にそういう人がいますよ」と若い女性が言う。「夏になると小型の望遠鏡をかついでプロヴァンスの高地を歩きまわるんです。妻子をほったらかして」

「それはわかるな。ごらんなさい。宇宙は何と魅力的なのでしょう。まさに魅力そのものです。本当に美しい。もっとも、美しいという言葉が果てしない宇宙空間のなかでも意味をもつとすればですが。宇宙は美のすべてを含んでいます。そして残酷です。宇宙を眺めるとき、わたしたちは我が身の小ささを自覚せずにはいられません。宇宙はわたしたちを圧倒します。それでいて迎え入れてくれる、大きくしてくれる。わたしたちの目をひらき、それ以上に心をひらいてくれる。わたしたちを受け入れてくれます。昔の人は言ったものです。宇宙はわたしたちの前に姿をあらわす、自分を見せる、と。注意深く姿を隠している神とは反対に、宇宙は平気で自分の姿を人目にさらすのです」

「先生、どうして宇宙がわたしたちを迎え入れる、受け入れるなんておっしゃるんですか？　その反対ですよ。宇宙はわたしたちを拒み、しりぞけるんです。わたしたちを排除するんです」

「どうしてそんなことを？」

「いろんな本で読みました」と彼女は軽いため息とともに言う。「先生のような科学者が書いているんです。わたしたちは絶対にこのちっぽけな空間の外に出られないんですって。永遠にこの小さな地球に閉じこめられているんですって」

「残念ですか」

「はい、ときには。少しは。地球はすっかり小さくなりました。もう知らないところはありません。わたしの年代の人間にとってはちょっとがっかりです。地球上では、すべてを見てしまった。他には何がある？　大金を払って火星旅行？　でなければそこらの人工衛星？　せいぜいそんなところです。太陽系の外に行くなんて、夢みることさえできません」

「でも、月には行きましたよ」

「はい」と若い女性。「でも、わたしが生まれるよりずっと前でしょう。わたしにとっては目新しくも何ともありません。過去のことですもの」

「月に行くというのがどういうことか、ご存じですか」

「どういう意味ですか」

「あれだけ苦労して、あれだけお金を使って、あれだけ危険を冒して行った距離が、宇宙の尺度で測ると一光秒だということです」

「たったの？」

「はい。光はあの距離を一秒で行ってしまう。それをわたしたちは『宇宙旅行』なんて呼んでいるのです！　でも、どうして体ごと行く必要があるでしょう？　考えだけで十分です！」

「何の考えですか」

「すべての考えです。ちょっと聞いてください。思ったままを話しますから。こういう問題について、わたしはまだ十分考え抜いていないかもしれません。だからあなたに聞いてもらえると、とても助かる。わたしは今のように自分を見ている人がいるときのほうが、そしてその人に話しかけながらのほうがよく考えられるのです。宇宙は、かつてはわたしたちのものでしたが、今はそうではありません。そのことは認めなければなりません。わたしたちは——少なくとも西洋人は——何世紀、いや何千年もの間、宇宙をほとんど人間のサイズで想像してきました。とにかく思い描ける大きさ、踏破できる大きさ、ということです。まるで宇宙が遠ざかり、逃げていくのを嫌ってでもいるかのように。宇宙は目の届く、いや手さえ届くほどの大きさでした」

アインシュタインは突然声をひそめる。あたかも、彼らのまわりの世界がじっと聞き耳を立てているとでもいうように。自分はこれから大事な秘密をうちあけるとでもいうように。彼は言う。宇宙とわたしたち、天と人との間には、かつてはメッセンジャーがいた。古代ギリシアには虹の橋をわたるイリス、キリスト教世界には天使、インドには踊る天女アプサラ。天はわたしたちの庭だった。わたしたちはまた、星々とのあいだに、それとは別の関係もつくりあげた。それは人間の欲望や怖れにこたえてつくりだされた純然たる空想の産物で、特定の星々の位置関係がわたしたちの運命や性格に影響をおよぼしていると考える、今も占星術の名でよばれているものだ。

「つまり」とアインシュタインは指先で天を掃《は》くようにしながら言う。「わたしたちは天を、夜空を読み解きたかったのです。たった一人の作者が書いた大きな書物のように。わたしたちのはかない人生も、何らかのかたちでそこに書き込まれているのではないだろうか。そう考えたわたしたちは、天にしがみつきました。天なしではいたくなかった。夜空の言葉が真実でないはずはなく、それに耳を傾けたかったのです」

ところがその結果、とアインシュタインは続ける。わたしたちは夜空に対して、相反する印象に引き裂かれた奇妙な感情を抱くようになった。つまりこの夜空は、若い女性の叔父にとってはたしかに光の絨毯《じゅうたん》、人生最大の驚異であるのだが、他方では謎にみちた難解な書物でもあり、(人の世の常として)その解釈を売り物にする連中が出てきたのだ。この者たちが星空の真実を偽りに変え、巧みな言葉で偽の薬を売りつけるいんちき医者のように世にはびこった。

そしてわたしたちは、彼らのたえまない嘘を警戒するあまり、夜空まで胡散臭《うさんくさ》く思うようになってしまった。夜空には影と幻しかない。信頼できるのは明るい光だけだ。黒い空に夜が書き込んだ世界などはとうてい信用できない。昼だけがわたしたちを明るくしてくれる。昼の太陽は、たしかにわたしたちを小さな存在にするけれど、そのかわり危険な闇を遠ざけてくれる。毎朝、我らの王である太陽は、ものの姿を闇から浮かび上がらせる。ちょうどわたしたちの知性が無知を遠ざけるように。

「木も育ててくれましたしね」と若い女性がいう。

「そうですね、雨が降れば。その意味では昔と変わっていません」とアインシュタイン。「この頃はますます太陽なしですむようになってはいますがね。かつて、わたしたちは太陽の神々しい光を体いっぱいに浴び、その恩恵に浴したものでした――そのなかに日陰が含まれていたことも忘れてはなりません。太陽は最高の財産で、それなしにわたしたちの存在はありえませんでした。わたしたちは太陽によって生きていた。太陽こそ、言葉の真の意味において、わたしたちの存在理由でした」

「まだお答えいただいてないいんですけど」と女子大生が言う。

「答えてない？　何に？」

「どうして先生は、宇宙がわたしたちを迎え入れるなんておっしゃったんですか」

「ああ、そうだ、忘れるところだった。ね、わかったでしょう、不連続といった意味が……いや、ちゃんとそこへ行きますよ、大丈夫。おたずねしますが、わたしが生きている間に何が起こったかご存じですか？」

若い女性はめんくらったようすで、いろいろなことが起こったのではないかと答える。世界大戦とか、進歩とか、革命とか、大量殺戮《さつりく》とか……。

「いや、そんなことを言いたいのではありません。戦争や大量殺戮はいつの時代にもありました。あの時代にわかったこと、あらゆる点からみて重要度ナンバーワンの事実、それは宇宙がじつは想像を絶するほど大きいということでした。それまで人間サイズだったのが、いきなり、途方もない大きさにふくらんだのです。なんと、百四十億光年です。そんな距離、考えられますか？

たったの一光年さえ、感覚や頭脳ではとらえられないのに。それがあなた、百四十億光年だなんて……」

「でもそんなに大きかったからこそ、逆にわたしたちは自己中心的、利己的になったんじゃありません？　怪物みたいな宇宙に背を向け、孤独感をつのらせ、自分を開くかわりに殻《から》に閉じこもり、ばかばかしい争いやささいな心配事ばかりの、みじめな自分に戻ったんじゃありません？」

「たしかに、そのとおりです。多くの人が、いや研究者でさえ、最初はそう感じました。無人の宇宙のあまりの大きさに、かぎりない無力感をおぼえたのです。百四十億光年を前にして、わたしたちにできることといったら肩をすくめることくらいでした。それでも、そう、わたしの考えは変わりません。宇宙はわたしたちに近づきました。と同時にこちらも夜を受け入れました。夜を手なずけ、夜空が好きになりました。そしてとうとう夜空を読むことができるようになったのです」

「でもどうやって宇宙はわたしたちに近づいたんですか」

「ああ、こればかりはとても単純なことです。わたしたちはまもなく自分たちが星と同じ材料、同じ物質でできていることに気がついたのですよ」

「本当ですか」

「はい。宇宙物理学者が言っています。太鼓判を押しているくらいです。わたしたちのまわりにあるものは、固体であれ気体であれ、すべて同じ基本粒子、陽子、中性子、電子とよばれる微粒子からできています。この物質はすべてのものについて同じです。あなたも、あなたの皮膚も、髪も、革のバッグも、テープレコーダーも、わたしたちの間にあってわたしたちの声を運んでくれる空気も、この建物の壁も、通りを行き来する路面電車も、大気も、今、頭の上で光っている星も、何もかも同じ物質からできているのです」

「別の物質もあるんですか?」

「そのようですね。でもわたしたちに興味があるのはこれ、わたしたちをつくっている物質です」

若い女性は、話を聞きながら、思わず横を向いてアインシュタインの身体を眺める。彼は、ものの例をあげるとき、自分をそのなかに含めなかった。わたしをつくっている物質、とは言わなかった。言わないように気をつけた。本当は何でできているのだろう? それにあの書斎は? 一瞬だけあらわれた模型の飛行機は? 池のヨットは?

二人はじっと夜空に包まれている。アインシュタインは話をつづける。彼女はまた耳を傾ける。

「この、宇宙のいたるところで物質が同じだという事実はきわめて神秘的です。古代や中世の人間だったら動転したことでしょう。そんなこと、一瞬たりとも信じられなかったと思います。今の人間だってわかりませんよ。目に見える宇宙がわたしたちから逃げ、手が届かなくなり、想像を絶する規模になり、わたしたちに無力感をあたえているのに、その一方で突然、宇宙がなじみのあるものになったのですから。わたしたちに似た、とても親しいものに」

「わたしたちは星と同じようにつくられているんですか」

「わたしたちは星でできています。星によってつくられたのです。ですから自分を調べれば星のことがわかるかもしれません。天の奥をごらんなさい。星々のあいだを埋めるあの黒い部分を静かに見つめながら、そこにもわたしたちが決して知ることのない星が無数にあるのだと思ってごらんなさい。わたしたちはそれらの星と何百万光年も、いや何十億光年も離れています。けれどもわたしたちをつくっている陽子は、星の陽子と厳密に同じものなのです。宇宙との関係において、比の概念は意味を失いました。わたしたちは宇宙の尺度では測れません。まさに無に等しい。でもこうは言えます。わたしたちはもはや世界の尺度ではない、わたしたちが世界なのだと。どう思われますか」

「正直に言っていいですか」

「どうぞ」

「はっきり言って、先生がおっしゃるような親しみはもてません。陽子や電子のレベルでは、わたしは何も感じないんですから」

「それが問題なのです。まさにそれが。宇宙はいたるところにあるのに、わたしたちはどこにもそれを感じないのです」

「たんなる観念ですもの」

「観念？　違います。そう言った人もいますが、わたしはそうは思いません」

「どうしてですか」

「もし宇宙がたんなる観念にすぎないとしたら、それはほかでもない、わたしたちの観念のはずです。そして、わたしたちの観念だとしたら、もう少しわかりやすくてもよいはずです」

「じゃあこの世界は実在なんですか」

「はい、間違いなく。わたしはそれを否定したことは一度もありません。ある意味で、それは世界の定義でさえあります。世界とは実在するものである。実在するものすべてである。とにかくわたしはそう思っています。もちろん、目は邪魔になります。目はわたしたちの前に宇宙を平らに広げてみせます。目はそのようにものを見るのです。このためわたしたちは本当の意味で天の中にはいません。天の中ではなく、地球の上にいて、そこから、わたしたちの住みかから、台座から、天を見ています。わたしたちはぽかんと眺めるだけですが、見るとは偽るということ、歪《わい》曲《きょく》するということです。見ることほど胡散臭いものはありません。目という言葉を脳という言葉に置きかえてもよい。互いに相手がないとうまくいかないからです。この目、つまり脳のおかげで、わたしたちは恐ろしく制限された世界しか知ることができず、いつも判断を誤ります。目はただ見るだけです。目のおかげでわたしたちは実在から遠ざけられ、世界の外側に追いやられる。だからこそ向こう側に行かなければなりません」

「この世界は実在するというんですね」

「はい、そうです」

「今晩わたしたちがいる世界もですか」

アインシュタインは髪のなかに手を突っ込み、つぶやく（まえに言ったことがあるのだ）――世界はたった一つしかないが、奥が深く、しかも見た目を変える、そしてこの世界にはそれを表現したものが存在し、それらが本物の世界とあまりにもよく似ているので、それに捕まってしまうことがあるのだと。それから彼は鏡だとか、角度を変えることだとか、だまし絵だとかについて、むにゃむにゃ言っている。若い女性には彼の言っていることがはっきりと聞きとれない。あとで訊こう、と思っているのだろう。時間があれば。

二人は黙る。わたしたちの同類だという広大な宇宙を前に、ひととき沈黙する。

彼がつぶやく――このはかりしれない宇宙には、全体を見渡すことのできるような場所はどこにも存在しない。離れた地点から宇宙全体を見ることはできない。特権的な観測地点はないのだ。

女子大生（あるいはジャーナリスト？）がたずねる。

「さっきの、目と見ることについての話ですけど、他に例はありますか？」

「山ほどあります。たとえば原子です。原子が存在することは、二十世紀のはじめ頃には明らかになっていました。まだ陽子や電子には分解されていませんでしたが、それでも原子なしでやっていけないことはわかっていました。わたしなども早くからそう言っていた一人でしたが、これに対してどういう反応が返ってきたか、ご存じですか？」

「さあ」

「原子なんて見えないじゃないか、顕微鏡を使っても見えない、だからそんなものは存在しない。そういわれたのです。目がすべてでした。細菌は見える、だから存在する。それに細菌はわたしたちに病気をうつす。でも原子は違う。論外だ、というわけです。何度も同じことを言われました。原子なんか必要ない！　とか、それなら実物を見せろ！　とか」

「腹が立ったでしょうね」

「腹が立ったなんてものじゃない」

彼女はふたたび夜空をふりあおぐ。目を閉じ、ほとんど息もしない。たぶん見つめたり、観察したりするのをやめ、彼女のものでもある宇宙の物質をなす素粒子が、知らないうちに体に入り、突き抜けていくのにまかせているのだろう。

「ご自分に言い聞かせてください」とアインシュタインが言う。「よくよく言い聞かせて。あなたに見えるものはすべて、静止しているように見えるものもすべて、動いている、あらゆる方向に動いていると。わたしたちが何も感じなくても、地球はまわっています。太陽系も動いているし、わたしたちの天の川銀河も動いている、わたしたちのにかぎらず銀河はすべて動いている、今あなたが一部を見ている宇宙そのものも膨張しつつあるのです……」

「まえに聞きましたけど」と目をひらいて彼女が指摘する。

「何度でも言います。でもそれにはちゃんとしたわけがあるのです」

「どんなわけですか」

「一生に一度くらいは想像してほしいのです、わたしたち科学者にとってこの問題がどれほど難しいかを……」

「難しいって、すべてを計算することがですか」

「そうです。すべてを正確に計算することが。まず計算の結果を予想して、それを確かめることが。それに、わたしたちが見ている星のなかには、すでに死んだものもあるのです。ご存じでしょうが」

「死んだ星ですか」

「知りませんか。聞いたことありませんか」

「あります。でも知らないと思ってください」

またしてもレベルの問題だ。この女性はどうやら修士論文か（ジャーナリズムの?）、あるいは簡単なルポルタージュを書くつもりらしいが、何を知っているのだろう。どこで勉強したのだろう。どのくらいの知識に（あるいは無知に）達している（とどまっている）のだろう。

アルベルト・アインシュタインは、ここで彼女を帰さないなら、当然質問する権利があるはずだ。初歩的な概念まで戻れというのか。彼のような人にむかって、ゼロから始めてほしいなどとよく言えたものだ。彼自身がつくりあげたものの基礎を今さらおさらいしてほしいなどと?

アインシュタインはそろそろインタビューを打ち切ってもよいのではないだろうか。ここでやめて、こう言ってやればよい。おわかりでしょう、あなたには無理です、と。質問にはすべて答えていると彼は言っていた。どんなに突飛な質問にも答えると言っていたが、ひとつくらい例外があってもよい。もうしわけないが仕事が山ほどありますし、遅れてもおりますので、このへんで……。

けれどもここで彼女の微笑みと、いささかぞんざいなその態度と、肉体的魅力がものをいう。それに、人間の時を刻む大時計がほんの少し狂って止まってしまい、時空に賭けた彼女が勝ったような具合になっているし、アルベルト・アインシュタインも今いるところでは「時間がある」ようだ。仕事のことでどんなにもっともらしい理由をつけても――手紙を書くのが遅れるとか、研究が中断されるとか――何の意味も効き目もないかもしれない。

一時間よけいにしゃべろうが、少なくしゃべろうが、彼にとっては大して変わりはなく、日程には影響しない。というより彼に日程はない。あってても気づきもしないだろう。それに、もしかしたら、さっき言っていたように、彼女のために初歩の初歩まで戻ることが、かえって困難な領域を進むときの助けになるかもしれない。

「わたしたちが計算の対象としている距離は、文字通り想像を絶しています。光年という単位で測りますが、これは光が一年かかって走破する距離のことです。秒速三十万キロメートルで、曲がりも止まりもせずに、一年間走りつづけるのです。思い出しましたか？」

「あ、はい、もちろん。だれでも知ってます」

「だといいのですがね。さて、とても遠くにある星の光がわたしたちのもとに届くとき、それはときに百数十億光年の向こうからやってくるわけですが……」

「百数十億？」

「そうです、百数十億。さっき言ったでしょう。せめて耳を澄ましてください。百二十億光年から百四十億光年まで宇宙は広がった、と言いましたよ。わたしが計算したのではありませんが」

「百二十億も百四十億も同じようなものじゃないですか」

「そう思いますか」

「はい、わたしにとっては。まったく同じことです。百二十五億とか百三十億になっても、それが何なのって感じです。どこがどう違うのか。どちらにしても意味はないと思うんです。少なくともわたしにとっては、そんな数字、何の意味もありません」

「まったくそのとおりです。このような距離をわたしたちの小さなキロメートルで想像しようとしてはいけません。できないのですから。何よりも先にしなければならないことは、人間の尺度でものを見るのをやめることです。このような大きさは、科学なしに測ったり考えたりできるようなものではありません。歩いて行けるところではないのです」

「じゃあどうするんですか」

「別の方法で行きます。行ってみようとします。大昔に発明した別の道具、つまり数、そして数学をつかうのです。感覚や想像、常識やいきづまった論理の罠からのがれて、別の武器、別の言葉で世界に立ち向かう。そうして百四十億光年を一枚の黒板、一枚の紙、一片の爪におさめるのです。十六世紀でしたか、聖書の全文をクルミの殻のなかにおさめた人がいましたが、わたしたちがやっていることもそれと同じです」

「その聖書、だれも読めなかったんでしょう？」

「はい。でも聖書には違いありませんでした。顕微鏡があれば確かめられたはずです」

彼女はもう一度光る夜空をながめる。

「それでその死んだ星」と彼女はいう。「死んだけど今でも光ってる星たちって、どこにあるんですか」

「あそこに。どこにでもあります。今見えている星のなかに。中には大昔に死んだ星もある。わたしたちが研究に使えるのは、長い長い道のりを越えてここまでやって来たそれらの原始の光だけなのです」

「宇宙空間の中を媒質もなしに百数十億年間、ひた走りに走ってきた光なんですね」

「百数十億光年の彼方からきた光です」

3 相対性と絶対性

二人はもうしばらくそこにいて——どれくらいの時間か、彼女にはわからないだろう——腕を垂らし、黙って、宇宙を見上げ、時おり目を閉じている。やがて彼女がたずねる。

「これが相対性ってことですか。見えるものがそれそのものとは限らないということが？　すべてがたえず動いているということが？　視点が変わるということが？」

「いや、そうはいえません。でもそれが始まりです。最初の考え方です。さっき言ったとおり、まずそのようにとらえなければいけません。まず、相対性が絶対性と対立することを理解する、少なくともそれを認めなければ話が始まりません。言葉からしてそうでしょう？」

「絶対的というのは、先生がおっしゃるように、観測者によって変わらないってことですか」

「そうです。そう言ってもかまいません。でも『すべては相対的だ』といえば何もかも片づくと思ってはいけません。相対性そのものが、当然、ひとつの絶対、またはいくつかの絶対を求めているのです。そうでなければ学問の冒険ではなくなってしまう。相対性は不動点、不変量、定数を求めています。それがわたしの生前の仕事でした。今でもそのようです」

「仕事って、どういうふうにやるんですか」

「ああ、それはとても込み入った話でしてね」

「そんなに込み入ってるんですか？」

「ごらんなさい」

「え？」

彼はもう一度黒板のほうをふり返るよう身ぶりで示す。さきほどのヨットの絵は消え、そのかわり黒板一面に、交錯し重なり合った無数の数式が書かれている。

「なるほど……」と若い女性はいう。「こういうものの意味がわからないと……」

「もっとあります」とアインシュタイン。「ほら」

突然、豪華なナイトクラブの照明効果のように、書斎の壁から、天井、家具、本、雑誌、書類、バイオリンや譜面台にいたるまで、あらゆるものが、白く光る方程式や計算式やグラフで埋めつくされる。特殊効果、グローバル・イリュミネーションだ。まるで、もうひとつの星空——さきほどと同じくらい星がちりばめられているけれど、星座がすべて数式でできている星空——に投げ出されたようだ。

女子大生は足が床から離れて体が宙に漂っているような気がする。さっき本当の空を眺めていたときと同じくらい感動しているようだ。きっとこの部屋の宇宙を少しでも乱すのが怖くて動けないのだろう。彼女もわたしたちと同様、宇宙の物質とみだりに戯《たわむ》れるべきではないことを知っているのだ。

「もうひとつ質問してもいいですか」と彼女はそっとたずねる。

「どうぞ」

「あと二つでも？」

「同じことです」

「一九〇五年に何があったんですか」

とたんにアルベルト・アインシュタインの背がわずかに曲がる――この客を通して以来、はじめて年齢に不意打ちを食らったとでもいうように。彼は足を引きずるようにして書斎机に向かい、先ほどすわっていた肘掛け椅子にのろのろと座りこむ。

すべての数学記号が音もなく消え、すべての数式が跡かたもなく消滅して、部屋はほぼ元どおりになる。アインシュタインが疲れた声でつぶやく。

「何がって……いくつかの真実ですよ、若い頃に見つけた……」

「話していただけます？」

「百年以上も前の話です」

「だからこそ」

「……短い論文が三つか四つ、ある物理学雑誌に載ったのです。このことについてはもうたくさん書かれてきました。どうして今さら？……」

「読もうとしたんです、先生の論文。でも読めませんでした」

「あなただけではありません。とにかくそんなことはしなくてもいい。あれ以来、科学の言葉はすっかり変わりました。わたしだって、もう一度読むとなると大変かもしれません。それに、読めばきっと直したくなる。余白にクエスチョンマークを入れたくなるでしょう」

「じゃあ、わたしはあの論文を読まなくてもいいんですか」

「もちろんです。そう言ったでしょう。さっきこの部屋で見たもの、延々と続く計算や、仮定や、操作や、確かめ、ああいうものはすべて、わたしたち科学者が通り過ぎなければならない黒雲にすぎません。科学者仲間が自分で同じ道すじをたどることによって、結論が真実であることを納得するためのものです。仲間内の言葉です。科学者ならその作法にしたがわないといけません。でないと会員証を更新してもらえないし、仲間からはじき出されてしまう。でもあなたは、あなたはそんなことをしなくたっていい。すればかえって道に迷う危険があります。それにほら、アラビア語から翻訳された本を読むとき、元の本を参照しようなんて思わないでしょう？　翻訳者を信用するでしょう！」

「するしかないですね」と彼女はいう。

時間は絶対ではない――光速度一定と相対性理論

当時彼は二十六歳だった。チューリヒ工科大学を出た一人前の物理学者だ。大学時代はできが悪かったという伝説があるが、それはまったくの誤解である。次善の道として就職したベルンの特許局で「専門技師」として働き、周囲から認められた力量と、ときには（たぶん）興味をもって特許の審査を受け持っていた。大学の同級生で最初の妻となったミレヴァと、数人の仲間とともに、情熱的に物理の研究をつづけ、質素に暮らしながら、あちこちの学術雑誌に論文を発表していた。

そもそも、だれもが物理学を志していた時代である。物理学は流行の学問であり、工業と手をたずさえて時代の最先端をいくブルジョワの学問だった。果敢に世界の謎にとり組み、ヨーロッパでは真っ先に国家首脳部と製鉄工場主を魅了した学問だった。

この年、アインシュタインは相対性原理について熟考し、すべての物理現象にそれを広げ、その一方で、かつてロバート・ブラウンというスコットランドの植物学者が、水中を漂う花粉粒子の運動（ブラウン運動）についておこなった古い実験と、プランクが最近発表した理論――物体を熱したときに放たれるエネルギー、いわゆる「黒体放射」にかんする理論――を再検討し、それらの現象を解明、解釈し、そして一気にニュートン流の古い世界観を揺るがし、空間と時間の概念を問いなおした。原子に大きく扉をひらき、エネルギーと物質を同一視し、光の速さを（宇宙ではこれを超えることができない）定数、光源の位置と速さによって変わらないひとつの「絶対」とした。「慣性系」の観測者、つまり一定の速度で動いている観測者にとっては、物理法則はつねに同じであるという（特殊）相対性原理の考えをもとに「不変量」の探索に乗り出した。

これだけのことを、彼はたった一年で、たった一人でやってのけたのだ。

「どうしたんですか。急に疲れちゃったみたいですけど」と若い女性が、突然アインシュタインの背が曲がったのに気づいていう。「水、持ってきましょうか？」

「いや、いりません、わたしにはもう水は必要ないのです。残念ですが、食べ物もいりません。そうだ、それであなたに何も出していないのだった。すみません。喉《のど》が渇《かわ》いているなら……」

「喉は渇いてません」と彼女はいう。「ただ先生がどうしてこんなふうになってしまったのかを知りたかっただけです。一九〇五年の話になるまでは、こんなじゃなかったのに」

「また戻りますよ」とアインシュタイン。

「何を考えていたんですか」

「ときどき、今のような状態にあっても、ふと若い頃を思い出して、辛くなったり、悲しくなったりするのです。わたしも人間ですから、どうしようもありません。苦いけれど懐かしくもある思い出です。研究のこと、友達のこと、皆で山を歩きまわったこと、歩きながら話の途中で急に良い考えが浮かんだこと、夜の暗闇の中で光について議論したこと、ひらめきに恵まれた長い夜のこと、困難と闘ったこと。迷いや誤解もありました。失望したり、あざ笑われたりもした。結婚に失敗したことも思い出します——あれはきっとわたしが悪かったのでしょう。それから、あまり幸せではなかった子どもたちのことも。そのほかわたしが失敗したことをつぎからつぎへと思い出すのです」

そしてとくに、彼が控えめな言葉で説明しようとしたように、わたしたちの世界観を長きにわたって変えることになる男が、突然ひとりぼっちになり、だれにも理解されずに途方にくれたときのことを思い出す。ヨーロッパに始まり、世界中に広がった忌まわしい大戦争の時代に彼が放った数々のアイデアは、四十年足らずのうちに、人類の古い夢であった世界解明の鍵と力をもたらすことになる。そしてその力のなかには、自分自身を決定的に破壊できる力まで含まれていたのだ。

ところが当時はだれひとりとして、そのことが見抜けなかった。わからなかった。だれひとり。アインシュタイン自身も含めて。

たった一人の人間のひそかな直観が、人類全体の運命を変えてしまう――これまで人類に影響をおよぼしてきた、さまざまな考えをふり返っても、これほど極端な例はかつてなかっただろう。

「一つ例をあげてもらえますか」と彼女がいう。「わたしにもわかりそうなのを一つだけ」

「それは簡単です」とアインシュタインは即座に答える。「さっき、ここに入ってきたときにあなたは言いましたね、わたしがむかし『時間は存在しない』と言ったとか」

「はい。たしかに」

「あのときは反論しませんでしたが、それは間違いです。漫画家のせいで、すっかりわたしのセリフということになってしまいましたが、本当はそんなこと言っていないし、書いてもいない。そんなに単純化した形では……。おかげで意味が通らなくなってしまいました」

「本当は何て言ったんですか」

「注意深い科学者なら『前』とか『後』とか『同時』とか『まもなく』とかいう、わたしたちが時間をあらわすのに使っている言葉は、正確には何も意味していないことがわかるはずだ、といったのです。こういう言いまわしはあいまいで、まわりの状況や各人の感じ方に左右され、たんなる言葉のあやにすぎません。社交辞令、サロン用の言葉です。わたしはこう言ったのです。時間はこれまで議論の余地のないものとされ、偉大な主人といわれてきたけれど、けっして、宇宙のどこでも同じ姿をした絶対的なものではないと。それ自体相対的なものであり、出来事に――つまり速さと物質に――依存しているのだと。そもそもこのことは日常生活でも確かめることができるのです」

「そうなんですか？」

「その椅子にすわってみてください」

そういって彼は座編みの椅子をさす。彼女は腰かける。アインシュタインは立ち上がる。元気が戻ってきたようだ。顔には微笑みさえ浮かんでいる。書斎をぐるりと回り、あいかわらず音を立てずに、若い客のほうにやって来て、いきなり膝の上にすわる。

「怖がらなくても大丈夫」と彼はいう。「重くありませんから」

本当だ。ほとんど重みは感じられない。しかし彼女は何も言わず、彼の話を聞いている。

「それはともかく、もしわたしが一分間このままでいたとしたら、その時間はわたしにはとても短く感じられるでしょう。あなたは魅力的だから。あなたの肌にふれたらさぞ気持ちがいいでしょう」

彼はすぐに立ってこう言う。

「でも、もし熱いストーブの上にすわったとしたら、同じ一分でも永遠のように感じられるはずです」

「それならわたしもわかります」と女子大生。

「だれだってわかります。もちろん今やったことはあまりにも単純すぎます。それにとても主観的で、科学的とはいえません。でも、それでもかまわない。これが最初の一歩です。状況を変えてみる。ものを見るとき、捉えるとき、調べるときの条件を変えてみる。ものの速度を変えてみる——そうすれば、時間がそれまでとは違って見えてきます。昔の人が神として崇《あが》めたがった、永遠に変わらない最高の主《あるじ》には見えなくなります」

「空間もそうですか」

「もちろんです。ものの長さは運動の方向に縮みます。走っている車——自転車でもいいのですが——走っているときのそれらの形は、止まっているときとは違って見えます。動いているものは長さが縮んだように見えるのです。これもやはりとても単純な、子どもっぽい事実から出発することができます。わたしたちから見ると、アリにとって大きいものでもゾウにとっては小さい。これはいいですね？」

「はい、もちろん」

「もっと簡単にいえば、ゾウはアリにとっては大きく、アリはゾウにとっては小さい。まあ、こんなふうに言えるわけです。でも、とても遠いところから、そうですね、宇宙全体とはいいませんが、たとえば太陽系全体を見渡せるところからアリとゾウを眺めれば、大きさの違いはもはや識別できません。これとは反対に、無限に小さい世界から眺めても、やはり同じことがいえます。規模を大きくするときにくらべて、思い浮かべるのは難しいかもしれませんが。たとえば一個の素粒子から見ると、アリもゾウも大きさはほとんど変わらないでしょう。どちらも同じ空間を占めている。粒子にとっては、アリはあまりにも大きすぎて『見え』ないかもしれない。それならゾウはなおさらでしょう？」

「これもやっぱり相対性ですか」

「まあそうです。本当をいうとその周辺です。まわりをうろうろしているのです。いやはっきり言いましょう。今のことは、じつは、特殊相対性でさえありません」

「じゃあ何相対性ですか」

「素朴相対性。日常の相対性です」

「なるほどね」

「はい。もちろん単純だからといってすんなり受け入れられるとは限りません。さっき言ったとおり、わたしたちの頭には何千年も続いてきた狭い考え方、伝説や信仰にしばられた考え方がしみ込んでいますから。つまり、人間サイズでものを考えるという、長い間それで足りてきたやり方、よく見るまえに思い込むというやり方です。宗教裁判にかけられたガリレオが、八十年も前のコペルニクスの結論をとりあげて、言葉の端々に気をつけながら、もしかしたら地球は宇宙の中心で止まっているのではないかもしれない、と言ったとき、裁判官たちが何と言い返したかご存じですか」

「いいえ。何て言ったんですか」

「神はご自分のお姿に似せて人間をおつくりになり、創造の傑作とお呼びになって地球に置かれたのだから、地球は必然的に宇宙の中心でなければならない、と言ったのです。太陽をはじめとするほかの星たちは、当然、うやうやしく地球のまわりを回らなければならない。皆、地球の家来なのだから、と」

「でも神さまが自分の姿に似せて人間をつくった、といったのはだれでしたっけ？　やっぱり人間ですよね」

「もちろんです。聖書を書いた人たち、注釈をつけた人たち、公会議に集まった司教たち。要するに『権威』とよばれる人たちです。この論理は堂々めぐりもいいところですが、伝統的な権威はこれを批判しませんでした。だいぶ後になって、ダーウィンが同じ目に遭っています。人間と動物の祖先が同じわけがない！　創世記を読みなおせ、ノアの箱舟を読みなおせ！　そう言われたのです。神学も、聖書とよばれる書物も、もちろん他のものと同様に人間がつくったものですが、それらが傲慢《ごうまん》にも科学の発見を根拠薄弱と決めつけていたのです。何たる非常識。めちゃくちゃです。狂っています。今ではよほど古くさい頭の持ち主でないかぎり、そんなことだれも言い出せないでしょうが」

「今でもいるらしいですよ」

「これからもいるでしょうね。この点についてはあまり期待しないほうがいい。なぜかわかりませんが、いつの時代にもかならず、大変な難破事故に遭ったように思っている人がいるものです。いつでもあっぷあっぷして、嵐のなかで救命具にしがみつくように過去にしがみついている。お気の毒なことです」

　アインシュタインはいわゆる「素朴相対性」、日常の相対性の例をもうひとつあげる。それは当時、彼自身が好んで口にしていた、つぎのようなものだ。「もし相対性理論の正しさが確かめられたら、わたしはドイツからはドイツ人だといわれ、フランスからは世界市民だといわれるでしょう。でも相対性理論が間違っていたということになれば、フランスからはドイツ人といわれ、ドイツからはユダヤ人だといわれるのです」

　だから相対性理論そのものが相対的だ。素朴に相対的だ。そういって彼はおもしろがったものだった。

時間について話したので、つぎに彼は物やわたしたち自身をふつうの空間のなかに位置づける言葉について話しだす。

「空や太陽はわたしたちの『上』にはありません。そんなふうに言っても何の意味もない。火星は、土星は、上にあるのか、下にあるのか。だれの上か、何の下か。答えることはできません。わたしたちの上にあるものはオーストラリアの上にあるか、それとも下にあるか。ばかばかしい問いです。地理や文法の遺物にすぎません。顔を上げて空を見るからといって空が『上』にあるわけではない。天体系や銀河は何かの上にあったり下にあったりするものではありません。宇宙は家のように平面図や立面図をもとに建てられているわけではないのです。高いとか、低いとか、遠いとか、近いとかいう言葉はすべて相対的な意味しかありません。少し考えればわかることです」

「だから時空をもってきたんですか？」

「はい、それもあります。出来事を全体の中で関係づけるため、時間と空間のなかにそれらを位置づけるため、新しい絶対、そこから出発して確かな仕事ができるような絶対をみつけるためです。正直いって、もとのアイデアは昔わたしの先生だったミンコフスキーのものでした。それをわたしが取りいれて発展させたのですが、最初はだれも見向きもしませんでした。十四年待ってようやくアーサー・エディントンというイギリスの天文学者――『王室付き天文学者』ですよ――彼が天体観測をしてわたしが正しいことを証明し、時空が曲がっていること、もう少し正確にいえば太陽の近くで曲がっていることを証明してくれたのです。わかりにくければこう言ってもいいでしょう。わたしが時空のなかに物質を置いたら、そのことによって時空が曲がったと。時空がわたしにお辞儀をしたわけです」

「時間はどこでも同じじゃないんですか？」と彼女がたずねる。真剣な顔だ。

「時間というものはありません。それは『ある』ものではない。存在ではないのです。人とか、物とか、元素とか、物質とか、出来事とか、そういうものについて話すように時間について話すことはできません。時間について『同じ』だとか『同じではない』とかいうことはできない。できるとすれば時間がいくつかあって、それらが比べられることになってしまいます。あるいは時間の属性が場合によって違ってしまう。このことからも、言葉というものがどんなに誤解を生みやすいか、わかるでしょう。どのように話すかによって、どのように考えるかが変わってくるのです」

「じゃあ、どう言えばいいんですか」

「時間はつねに同じようには流れないと。でも『流れる』『流れない』なんて言って良いのでしょうか、そういう言葉はただちに川を連想させますが？　あるいは時間は伸びていくといってもいいでしょう。そう、少なくともわたしたちの目にはそう映る。あるいは、現在、過去、未来といった時間にかんする共通概念は、どんなに深く根を張っていてもしょせん幻想にすぎないと。こういう日常の概念は本当に『相対的』です。わたしたちはこれらに対する認識を何とか統一しようとし、時計を使ってはっきり線引きしようとしてきましたが、それでもやはり一定しません。たとえ腕時計で全員が同じ時間を読めてもです。ただ、当然それは時間そのものではありません。時間の影にすぎない。文字盤上の記号、便利な約束事にすぎません」

それに、空間だって不変ではない。伸び縮みするように見える。空間も時間も、宇宙とは無関係に存在する絶対的なものではない。どちらも物や出来事や物質と影響しあっているのだ。

「それじゃあ、もしわたしが超高速で宇宙旅行できたとしたら、地球にいるときとは違う仕方で歳をとるんですか」

「きっと」

「地球に戻ったら、もっと若くなっているんですか」

「留守番をしていた双子の兄弟より若くなっています。おもしろいですね。これを思いついたのはわたしの友だちで、ランジュヴァンという人です。彼のいうとおりでした。現実に人間でやってみるのは技術的に無理ですが、物理学的には検証できるのです。実験では原子時計がつかわれ、うまくいきました。効果は確かめられたのです。外から戻ってきた時計はたしかに遅れていました」

「そういう実験って、どこでやるんですか」

「飛行機をつかって、無限小レベルで実験します。『粒子加速器』という、見えないものをかき混ぜる巨大な装置をつかうこともあります」

「で、さっきの話のイギリス人は何を見たんですか」

「エディントンですか。ふむ、彼は南半球にあるポルトガル領の原理島《プリンシペ》——良い名前ですね——その小島で長期的な天体観測をおこなったのです。日蝕《にっしょく》を待って、ある星たちの写真を撮るためでした。それらが本当にわたしが予言したとおりの位置にあるかどうかを確かめようとしたのです」

「で、そこにあったんですか」

「はい。光線は、わたしが考えたように、空間の歪《ゆが》みを反映して曲がります。だから太陽の後ろに隠れている星の光も見えるはずだとわたしは言ったのです。はたしてそれは見えました。そこでエディントンはわたしが正しかったと結論しました。彼が観測写真を発表したおかげで、わたしは一躍有名人になりました。世間はわけもなくわたしの名前を書き立てました。まあどんなにくだらないことが書かれたか、あなたには想像もできないでしょう。とくにひどかったのはいわゆる『権威』ある人たちです。彼らは気分を害してわたしを攻撃しました。わたしの頭がおかしいとか、気が変だとか、妄想《もうそう》にとりつかれているとか、世間のお騒がせ者だとか、言いたい放題です。逮捕すべきだ、口を封じろとまで言われました。でもじきに味方の物理学者たちがあらわれました。明白な証拠には嘘に負けない伝染力があるからです。最後に勝つのは真実です。アイデアはときに行きづまり、何世紀も停滞します。そのかわり猛スピードで動くときもある。まるで空中に漂って眠っていたのが、通りすがりの人に目を覚まされたとでもいうように」

「明白な証拠って、何だったんですか？」

「最初の相対論、つまり特殊相対性理論を発表したとき、時間が伸びることは受け入れられていました。エディントンは、光線が描く曲線を調べることによって、一般相対性理論を確かめたのです。簡単に説明してみましょう。曲線と重力の関係を理解するために、この地球儀をとって（彼女はそれを手にとる）どこでもいいから子午線に指をあててください、わたしは別の子午線に指をあてます。それでは指を北に向かって動かしてみましょう（二人はそれぞれ指をすべらせる）。指はしだいに近づいていきます。まるで本当に引力が働いているようです。これはたんに曲線のせいなのに、わたしたちにはそれが力のように見えるのです！」

わたしたちが暮らしている地球の大気圏には空気があり、これが物体の加速にブレーキをかけ、結果として昔から計算を妨害してきた。物理学本来の領域に到達するには、空気を忘れ、宇宙空間の物理を想像しなければならない。そこまで行けるのは思考だけだ。思考だけが空気なしでいられるのだ。

「わたし、今のような話をぼんやりとは知っていました」と若い女性がいう。「先生がさっきおっしゃった伝染力は感じていて、簡単には理解できないけど、おもしろそうだなと思ってました。バカのまま死にたくなかったんです。それでもいいと思ってる人は、わたしと同年代の人たちも含めてたくさんいますけど……。それで、先生に会いたいと思ったんです。ちょっとお話ししてもいいですか」

「どうぞ」

何年か前のことだ。田舎にいったとき、彼女は祖父の家の納屋で、一九五〇年代に発行されたサイエンス・フィクションの古い雑誌の束を見つけ、雨の日に拾い読みしてみた。こんな話を憶えている。あるとき、大きな事故にあった宇宙船が、SOSを発信しながら地球に近づいてきた。地上ではさっそく空の交通を全面ストップし、宇宙船の位置を突きとめ、追跡し、ある空港で万全の受け入れ態勢がととのったことをクルーにしらせた。前代未聞の出来事だ。報道関係者が大挙して空港に駆けつけた。皆、固唾《かたず》をのんで空を見つめていたが、何もあらわれない。遭難信号の音はあいかわらず聞こえているし、しだいに近く、はっきりしてくるのに、何も見えない。目に見えないばかりか、レーダーの画面上にもそれらしき影は映らない。とそのとき、着陸を待ちかねている人々の前で、音信がぷっつり途絶え、すべての接点は失われた。妙な物音がしたかと思うと、突然、何もなくなってしまったのだ。もはや宇宙船は跡形もない。今空港に到着した、着陸の態勢に入るところだ、と知らせが入ったちょうどその時、誰の目にも入らないまま宇宙船は忽然《こつぜん》と消え失せた。

謎を解くために調査がおこなわれ、専門家が集められ、さまざまな仮説が検討された。最終的な結論はつぎのようなものだった。宇宙船があまりにも小さく、針の頭ほどもなかったので、滑走路の水たまりに突っ込んで大破したのだろう……。

遠方からやってきたすばらしいミニチュアは、乗組員、設備もろとも溺《おぼ》れてしまった。もうだれも見つけることはできないだろう。

「大いにありえますね」とアインシュタインはいう。「わたしたちはどうも物の尺度で考えることをしない。自分だって何かのミニチュアのはずなのに」

「でなければ巨人」

「あるいは幽霊」

彼女はどこか探るようにアインシュタインを見る。急に目前の状況に戻って、彼が本当に、物理的にそこにいるのかと疑問に思ったのだ。しかしアインシュタインは顔いっぱいに笑みをたたえているばかり。髭まで微笑んでいる。静かな声で彼はいう。太陽系の外で、地球に一番近い星でも四光年余り離れている。四光年といえばおよそ四百兆キロメートル。それでもそこが地球に一番近い郊外なのだ。

「太陽はどのくらい離れているんですか」

「八分です」

そこで彼女はたずねる。

「先生がおっしゃる思考実験ですけど、頭の中では何でもできるんですか」

「何でも、ではありません。思考には思考の限界があります。でも、もちろん直接確かめることのできる現実より遠くに行けますし、少なくとも感覚よりは遠くに行けます。考えることがなければわたしたちは羽をもがれた鳥も同然です。あなたは考えることがお好きですか」

「わたしですか」

「すばらしいエクササイズですよ。考える……考えるとはどういうことなのか、正確には知りませんが、一千億という神経細胞で起こる現象のようですね、無数の神経細胞が接触し、信号が次々に伝わりながら収束していく。それをわたしたちが、脇道に逸《そ》れていかないようにある程度制御している。思考はスパイ小説のように、ネットワークとコネクションで成り立っているそうです。わたしに言えることは、考えることほど楽しく、平和で満たされた気持ちになれるものはなかったということです。ところで、時間と空間についてもうひとつ……」

アインシュタインは女子大生にもう一度夜空の下に行こうと合図する。彼女はためらわずについていく。

さきほどと同じように二人を包んでいる星空を指さし、彼はいう。

「時間について話すとき、わたしたちはいつも、時間が流れるとか、時間がないとか、物事が同時に起こるとか起こらないとかいいます。でも、『同時』とはどういう意味でしょうか」

「同じ瞬間、ってことですか」

「はい、でももう少し正確にお願いします。科学者はいつも正確さを要求されるのです。いいですか、天体はすべて動いています。そしてそれらが送ってくる信号は光の速さでわたしたちに届きます。でも、遠く遠く離れているあちらとこちらで、同じ『瞬間』であることがどうしたらわかりますか。少し考えてみてください。さあ」

若い女性はしばらく黙って、何を感じとればよいのかを理解しようとする。その間にアインシュタインがつけ加える。

「わたしが光の信号を受けとったその時までに、おそらく何十億年という歳月が流れているのですよ。どうしますか。どうすれば宇宙における同時性を定めることができるでしょう。……そんなことは不可能ですね。それができるためには光が発したその瞬間に届かなければならない。でもじっさいにはそうではないことがわかっています。光の速さは有限です。少なくとも二世紀前から知られていることです。宇宙の歴史を書くには、宇宙を輪切りにしなければなりません。同時性のナイフで切っていくのです」

それから彼はたずねる。

「尺度《ムジュール》というフランス語にはまだ意味がありますかね？」

「たぶん、音楽ではまだ」と彼女はこたえる。

アインシュタインはうなずいてつぶやく。うん、音楽では、そうだろうな。でもそれはわたしたちが自分で決めたものだ。それに指揮者というものがいて、ちゃんとその拍子《ムジュール》で演奏されているかどうかを言ってくれる。

それから短い沈黙の間、彼女がまだ黙って無限に思いをはせているのを見守ったあと、アインシュタインはいう。

「そろそろ戻りますか」

ヒトと神と宇宙

そのとき、でなければもう少しあと、二人はまた思考の問題に戻ってくる。どうやらこれが一番彼女の心に触れるらしい。彼女は（隠しているが）少し哲学をかじったことがあるのだ。「別の考え方をする」。なるほど。そう言うのはたやすい。でもじっさいにはどうすればよいのか。ヒトを名乗る種は、自分が考えたことに感動し、限りある粗野な肉体から慎重に切り離した「精神」のすばらしさに感激するあまり、かえってみずからを損なってきた。考えることこそ生まれの良さの証であり、特権であり、優等賞メダルであり、人類を他の生物から区別する決定的なしるしである、と彼らは思った。古いインドの「ヴェーダ」にも、思考は「神聖」だと書かれている。デカルトも考えること、ただそれだけに存在の確証を見いだした。

どうしてそれが忘れられよう。どうしてそれを脇に置くことができよう。

どうすれば公平な判断――しかも思考が受け入れるような判断――を下すことができるだろう。若い女性はためらいがちにイマヌエル・カントの名を出す。アインシュタインと同じドイツ生まれの哲学者カントは、二世紀前、理性はつねに理性の法廷で裁かれなければならないと主張した。これは、言葉巧みに世界解明の鍵を売りつけにくる手品師、魔術師の手合いを信じるなという意味だ（デカルトも同じことをいっていた）。この手品師、魔術師は、他人とはかぎらない。自分自身、知らないうちにその一員となってしまうこともある（たとえば、真実の使者をもって任じていたガリレオの裁判官のように)。

外部の権威にたよらず、自称大家にたよらず、神聖といわれる文書にたよらず、惰性と化した伝統にたよらず、理性を理性の裁判にかけること。素裸でふるえている理性を理性自身の前にさし出し、厳正にとり扱うこと。

アインシュタインはこうした文章をそらで覚えている。けれども物理学の場合、どうにも避けられない矛盾があり、時間と空間は相対化されて、かつては絶対的なよりどころと考えられていたものが今ではそうではない。このような状況にあって、どうすればよいのか、どう判断すればよいのか。論理と厳密さだけでは足りない。現実世界は曲がり、折り返し、道を外れ、交錯している。進むべき道を教えてくれる地図もなく、目印もなく、渡し守もおらず、わたしたちを待っている野営地もない。そんな土地に、わたしたちの思考は足を踏み入れた。そこにはブラックホールという名の得体のしれない罠もある。高いも低いもなく、前も後ろもなく、時間の継続もなく、過去も、現在もない土地。そんな所でわたしたちは——後退はしていないにしても——前進することもなく歩いている。

このないないづくしの中でどう考えればよいのか。何から出発して？　何に向かって？　光速と時空という、二つの絶対だけでうまくいくのだろうか。

それに例の、世界の秩序と運命という問題もある。素朴だけれど執拗《しつよう》なこの問いは、何かというと戻ってきて質問の矢を浴びせるので、彼女も悩まされることがある。わたしはなぜ生きているのか。なぜいつかは死ななければならないのか。人生の意味とは何か。わたしの人生はどういう秘密の設計図の一部をなしているのか。なぜこの宇宙はこのようにできており、ほかのようにはできていないのか。

わたしの目に何が隠されているのか。

アインシュタインは「なぜ」という問いが、「どうして、どのようにして」から「なんで、なんのために」にいかにたやすく、頻繁に移行するか、そしてそれがいかに危険なことであるかを説明する。「どうして、どのようにして」は世界中の科学者が根気よく追求している問いだが、「なんで、なんのために」は目的があることを前提としている。この地球でつかの間の活動をしているわたしたちの精神は、多くの場合、物事には目的が、存在理由がなければならないと考える。わたしたちはいつも自分の尺度で、自分を投影してものを見ている。生きている間にわたしたちがあれこれ動きまわるのは、意識しているとしていないとにかかわらず、目的があるからだ。健康ですごし長生きしたい、金と権力が欲しい（これには例外もあるが、清く貧しく生きたいというのもひとつの欲望だ）、欲しい物を手に入れたい、あの男を惹《ひ》きつけたい、この女を誘惑したい、あんな地位につきたい、こんな地位につきたい、これこれの疑問に対する答を見つけたい、等々。わたしたちは何かを欲するようにできている。欲望から自由になりたいと欲することさえあるのだ。

わたしたちはそのようにできているので、たいていの者は物事を理解したいという欲望ももっている。物事をわたしたちの精神——つまり理性——の限界までもっていきたい。さらに、「なぜ」の「なぜ」、つまりわたしたちを理解に駆り立てるすべてのものを理解したい。いいかえれば、考えるということ自体を考えたい、その働き、その限界、等々。きりがない。

　以上のことからわかるのは、すべての現象を説明するのは不可能であるばかりか、意味がないということだ。思考は、今考えていることか、かつて考えたことしか説明できない。思考の対象にならないものを説明することはできない。本来理解の対象ではないものを理解したいと欲することには何の意味もない。

　ところがわたしたちは、目的や意図を欲するあまり——この欲求が世界の合目的性への第一歩なのだ——宇宙にも目的や意図をもとめたらしい。まるで何もかもがわたしたちと同じ方向に進まなければならないとでもいうように。銀河や電子がわたしたちのやり方を真似《まね》、わたしたちの内面の動きに歩調を合わせているとでもいうように。感覚が現実世界を支配しているとでもいうように。限りなく大きい世界も小さい世界も、すべては誰かの意志、巧みに姿を隠した建築家の設計図にしたがっているとでもいうように。まるで、空の星があそこにあるのは、わたしたちが昔から抱いてきた疑問に答えるためなのだといわんばかりに。

「だから人間は神をつくったんでしょうか」

「それもあるでしょう。それが一番大きな理由かもしれません。自分の意識がちっぽけなものだから、もうひとつの、普遍的で非の打ち所のない意識を必要としたのでしょうね」

「これについては先生もよく質問を受けたんじゃありませんか」

「それはもう数え切れないくらい。一生悩まされましたよ。まったく驚きました。『あなたは神を信じていますか。何か宗教を信じていますか。祈りますか。』いつもいつも同じ病的な質問で、これは人々が根深い疑いと不安を抱えているしるしです。でもたしかに、宇宙のかぎりない美しさ、壮大な調和を前にしていると、ときおり、自分のことを神に仕える人間といってもいいような気がするのです。本当に」

「だからといって神を信じているわけではないんでしょう？」

「はい。この果てしない壮大な宇宙が、人間だけに対して過酷なひとりの神によって創られたなんて、ばかげた考えとしか思えません。あらゆるものを広大無辺な宇宙の夢に包み込むという、離れ業をやってのけた天才が、小うるさい先生のようにわたしたちを見張って、たわいない罪にケチをつけたりするでしょうか。それに、ご存じかもしれませんが、科学者から見ると人間の行動は、ほとんどがあらかじめ定められていて、自由意志の入り込む余地はとても少ないのです。とするとどうでしょう。人間がやむを得ずした行為を、神さまが罰してよいのでしょうか。しかもその行為をするように仕組んでおいたのは神さまなのですよ？　そんなたちの悪さは宇宙の壮大さとはあまりにもかけ離れています。ですから神はまさに人間サイズで、人間から生まれたのです。宇宙には似つかわしくありません」

「他の理由は？」

「よく言われてきたことですが、人間が権威やよりどころを欲しがったことでしょう。耳を傾け、手をさしのべてくれる万能の主《あるじ》を欲しがり、必要としたこと。宗派によっては、絶対的決定論までいくものもあります。つまり、わたしたちがこの世に生まれたときから救われているとか、罪を負っているなどというのです。人間が何をしようと、ゲームの結果は最初から決まっているわけで、こうなると科学と紙一重ですが。それから、だれもがもっている死への恐怖、無に還ることへの恐怖。ほかにも、この世には正義が見つからないので、別の場所に求める気持ちとか、いろいろあるでしょう。どれもかなりありきたりですが。まだありますか」

「でも一番の理由は、『なぜ』に対する答がほしいということじゃないですか」

そう思う、と彼はこたえる。でも自信はない。迷いがある。自分は哲学の専門家でも何でもなく、哲学の概念も、考え方も、よくは知らないのだから。個人的にはスピノザの柔軟さ、その聡明なあいまいさに親近感をおぼえるが。専門用語と論理で固めた思想体系は苦手だ。たとえば神学などはどうも……。

ある種の雑誌でくり返しおこなわれる「アンケート」ほどいまいましいものはない。たとえば「神と科学」などというテーマがそれだ。神と科学をどう関係づけ、どういう基準で比較しようというのか。彼が何かにつけて「思考実験」と呼んでいるものは、それとは別の結びつきをもとめている。踏みならされた思考の道筋ではなく、別の夢想、別の角度、別の証拠、別の視点をもとめている。それに、想像力を羽ばたかせようとするなら、その前にしっかりと基礎知識を蓄え、しかるべき方法を身につけなければならない。

想像力なしで行く道はむなしい。それではただのルーチン・ワーク、くり返しにすぎない。無知から出て別の無知にたどり着くだけだ。知るとは、創り出すということなのだ。さもないと古い轍《わだち》の上で足踏みすることになる。にっちもさっちもいかなくなり、すでに名づけられたものに別の名をあたえ、森の中を進んでいるように思いながら、じつは木しか見ていないことになる。

人間本位のものの見方、考え方、感じ方、判断基準を脱却することがいかに難しいか、若い頃からよくわかっているつもりだ。わたしたちは今、砂粒ほどの大きさに縮み、すべてから遠く離れ、自分たち以外のあらゆるものから無視され、広大無辺な宇宙の砂浜で、どれがどれとも見分けのつかないちっぽけな砂粒となってしまった。どんなにがんばっても近所の三、四粒を訪れるのがおちなのに、それでもなお、この果てしない砂浜が手の届く範囲にあり、理解可能で、わたしたちの意にしたがうことを望むのだ。おそらくこれは人間がすべての優位に立っているという古い思い込みのなごりだろう。自分たちが創造の主作品、傑作であり、完全ではないけれども神の似姿であるという自負のなごり。

「このように重い体から解き放たれて」とアインシュタインは言う。「飢えや渇きをまぬがれ、肉体の痛み、日々の心配事、それどころか煙草《たばこ》を吸いたいという欲望さえ消え失せ、あらゆる必要、あらゆる人間的野心から自由になり、死への不安もなくなった今でも、やはりわたしは自分を脱することができません。あいかわらず世界を理解したい、そこはもうわたしの生きる場所ではないのに、それでも理解したいという思いにとりつかれています。あなたには信じられないでしょうが、今でもわたしは上の空で、家具にぶつかったりするのです。その意味では昔と変わりません。考えごとをはじめると、とたんに世界から抜け出してしまいます。といっても、もうそこにはいないのですが」

「昔のように、ですか」と彼女がたずねる。

「そうです、昔のように。昔、ヨットをやっていたときのように。あるいはロサンジェルスでヨーロッパの地震学者を——名前は忘れましたが——迎えた日のように。その人は地震を研究するためにカリフォルニアを訪れたのです。わたしたちは一枚の紙の上にかがみこんで、いっしょにグラフを調べていました。すると人々がまわりを走り過ぎていきました。本当に地震が起こったのです。わたしは何も気がつきませんでした。百人余りも死者が出るような地震だったのに」

彼はそのときのことを思い出して微笑む。そして独り言をいう。他に何をすればいいんだ？　ダンスでもしろというのかね、酒でも飲んで酔っぱらえと？　それとも麻薬中毒になるか、祭壇にすわってパチパチいう火を見下ろしながら神託でも告げるか？　気が変になってしまえというのかね？

「別のことを考えたくても」と彼女がいう。「どうしても考えてしまうんですね」

「そうせずにはいられません。考えないようにさせることはできない。思考はわたしの主《あるじ》です。わたしを支配しています。できるものなら解放されたいと思うこともある。別の自分、考えない自分を夢想する。でもその別の自分も、やはり自分をもとに想像しているのです。わたしは自分を脱することができません。すでにプラトンがこの問題をソクラテスの鋭い舌鋒にのせています。こういうのです。覚えていますか。『どうして別のあり方ができようか？』

「もし自分を脱することができたら、どこへ行きますか？」

「わかるはずありませんよ、わたしは自分の内にとどまるのですから」

量子論の黎明

態勢が整っていること。タイミング良くそこにいて、態勢が整っていること。

アインシュタインは一八七九年に生まれた。電気がいよいよ表舞台に登場してきた年である。エディソンが、やがて数百万、数千万の家庭で輝くことになる白熱電球を完成させた年である。この電気という人工光の母は、長いこと到来が待たれたエネルギーだった。石炭にくらべて軽く、明るく、実用的で、持ち運びができ、一見無尽蔵だった。まもなく電気は「妖精」の名で呼ばれるようになった。この妖精は、物理学者たちに新奇な問題をもたらすと同時に、かつてはだれも知らなかった多くの現象を経験させてくれた。

電気は磁気と結びついて電磁力を形成し、それまでとは違う仕方で世界を説明する道をひらいた。従来の力学的世界像は新しい説明と対立し、古くなった。十九世紀、両者は真っ向から対決した。マックスウェル対ニュートン。ともに譲らなかった。二つの理論は互いに排除しあうのだが、それぞれは非の打ち所がないのである。

だからアルベルト・アインシュタインは実にタイミングの良いときにやってきた。そして聡明にも物理学を選んだ。おそらく彼は若くして、知の世界で今にも大きな飛躍が起ころうとしていること、すべては物質そのものの中で決定されるであろうことを感じとっていたにちがいない。ただ、それは彼だけではなかった。プランク、ミンコフスキー、ポアンカレ、ローレンツ、ラザフォード、シュワルツシルド、ランジュヴァン、ほかにも十人ほどの研究者が、別の仕方で言い表されることもある同じ問題にとりくんでいた。いつだれが、力学と電磁気学の古典的な概念に引導《いんどう》を渡し、新たな突破口をひらいたとしてもおかしくはなかった。

けっきょく、アインシュタインだけがそれをなし遂げた。何が幸いしたのかはわからない。たぶん他の人より直観が一つまみだけ多く、はじめから広い――そしておそらく総合的な――視野をもち、頭が柔らかく自由で、恐れを知らず、精神の遊戯や思考の冒険を好んでいたせいだろう。態勢が整っていたのだ。

そしてこの特別な直観という天の贈り物は、すぐになくなるものではなかった。一九二四年、名声の絶頂にあった彼は、ボースという名のインド人物理学者から一通の手紙を受けとった。この手紙は、それまでだれも考えたことのなかった、光子――アインシュタインが存在を予言した光の粒子――の数え方に関係していた。ボースはこれらの粒子を古典的な方法で研究するのではなく、まったく新しい量子物理の法則にしたがう「個々の区別がない」ものとして扱うべきではないかと考えていた。光子は他の物理的対象とはちがう。それを研究するには別の物理学が必要だ。

アインシュタインはボースのアイデアに飛びついた。かつてブラウンやプランクに対してしたように、ボースの考えを発展させ、「個々の区別がない」という光子の性質は、他のある種の素粒子にもあてはまるという大胆な結論をひきだした。そのような性質を満たす粒子は今日「ボース粒子（ボソン）」とよばれている。ボソンは、イタリアの物理学者フェルミに由来する「フェルミ粒子（フェルミオン）」とは異なり、互いに協調し、歩調をそろえる粒子である。

アインシュタインは、ボソンからなる気体を分析することによって、みずからその基礎づくりに貢献した量子論が、光にも物質にも同様に適用されることを証明した。

彼の心は宇宙の統一理論という大きな夢にむかって歩きだしていたのである。

4 ニュートン登場

ニュートンとアインシュタインの対話

書斎に戻り、三番目のドアを後ろ手にしめたとたん――少なくとも彼女はそんな気がする――、いきなり最初の、待合室に通じるドアがあき、留め金の靴に黒の長いガウン姿のニュートンその人がつかつかつかと入ってくる。

待ちくたびれ（何世紀も前から待っているのだ）、言いたいこと文句をつけたいことが山ほどあるといったふうで、怒りと苛立ちを隠さない。かつらが左に傾いている。あれはいったい何だ、特殊相対性理論だ、一般相対性理論だというあれは、大切な重力をお払い箱にして、と彼は怒りをぶちまける。それから量子力学、それに最近鳴り物入りで騒いでいる、いまいましいひも理論や超ひも理論とやら。あれはいったい何なのだ。

波でもあり、粒子でもある光とは何だ。それから例の、どこにでもある、すべての物質の中にあるといわれるエネルギー、あれはいったい何なのだ。人をバカにしているな？　今や科学者は、足ではなく頭で歩くようになったのか。

空間を構成する三つの次元か。いいだろう、この三つなら知っている。すべての基礎だ、しかし四つ目の次元とは何だ。時間の次元だと？　四つあわせて「時空」をつくるだと？　怪物ではないか。そんなものが本当に必要なのか。どこで見つけたのだ。時空だなんて、そんなものどうやって思い浮かべるのだ？　どうやって操作するのだ？　そんなものはキメラに決まっている。鯉とウサギの合いの子だ！　さあ、説明するのかしないのか！

アインシュタインとニュートンは英語で話している。彼らがこうして面と向かってやり合うのが初めてではないことは明らかだ。アインシュタインは礼儀正しく、しかし毅然《きぜん》とした態度で説明する。目の前の有名なイギリス人の怒りっぽさ（これはどうも相当なものだ！）に配慮して、自尊心を傷つけないよう気をつかっている。人間がつくったシステムは人間がつくったがゆえにかりそめのものでしかないことを、彼はニュートンに認めさせようとする。これはわたしたち全員が認識しなければならないことなのだ。そう、かく言う彼自身も今のところは執行猶予中にみえるが――いやもちろんニュートンだってそうだし、ほかにも何人かはそうだろうが――遅かれ早かれ自分の考えの死、少なくとも部分的な死を受け入れなければならない。特殊相対性理論も一般相対性理論も、量子力学も、場の理論も、いずれは死んだ考えの大倉庫に放り込まれるのだ。といっても、完全に死んでしまうわけではない。偉大な考えは決して死なないものだ。時代の想像力から生まれたものや、卓越した精神――いわば天才――が見抜いたものは、かならず何かが残っていく。

ニュートンは、アインシュタインが使った「天才」という言葉にいくぶん気をよくしたらしく、勧められるままに椅子に腰をおろしさえする。アインシュタインはあくまでも愛想よく、相手に理解を示しながら（彼が自分の考えもいつかは死ぬと思っているかどうかはわからない）、ニュートン自身の〝奇跡の年〟を思い出させる。一六六五年から一六六六年にかけて、本人の言葉によればニュートンは一種の物理学的奇跡を体験し、神から贈り物をさずかった。それは一九〇五年にアインシュタインに起こったのと同じような出来事だったにちがいない。人生にはそういう時期があるものだ。

アインシュタインはニュートンが錬金術にのめり込み、多くの人と同じくそれに絡《から》められていた歳月についてはふれずにおく。それよりも重力の理論を称えたい。この理論を彼はよく知っている、それにこれは——と彼は心から言う——今でも世界の、全部とはいわないまでも、かなりの側面にあてはまる。これほど普遍的に成り立つ理論だからこそ「古典」と呼ばれたのだし、今も呼ばれているのだ。ニュートンなら四回でも五回でもノーベル賞をもらえたにちがいない、いや、きっとそうだ！

しかしまじめな話、宇宙が小さな球の集合体で、それらが神ひとりの意志にしたがって互いにぶつかり合っているなんて、どうしてそんなことが認められるだろう。ニュートンは、物体どうしが接触しなくても、つまり互いに押し合ったり引っ張り合ったりしなくても、それらが引き合うことがあるというすばらしい直感を授かった。彼はすばらしい直感によって（アインシュタインはお世辞をいうために「すばらしい」という言葉をくり返す）、この相互作用を引き起こす万有引力とよばれる決定的な力、つまり重力がじっさいに存在し、働いていることを感知した。

ただ彼はこの力が、どんなに遠く離れた物体どうしでも、「瞬時」に働くと仮定した。ところが何度も実験した結果、光の速さは、わたしたちにはどんなに速く見えても、有限であることがわかっている。したがって、遠い距離を「瞬時」に伝わる作用はありえない。ニュートンだってそのくらいは認めるべきだろう。あれほど見事な第一歩を踏み出したのだから、もっと先まで行ってもよいではないか！　自分で切りひらいた道なら大胆に進んでもよいではないか！　相対性理論は大科学者ニュートンが打ち立てた重力理論の発展形、理屈にあった拡張にすぎないのだ！

アインシュタインはこうも言う――ここは若い女性がはっきりと理解できた部分のひとつだ――「いいかね、アイザック、わたしは世界の実在を否定したことは一度もないんだ！　ただの一度も！　ただ、今のところは絶対的な座標系が見つからないと言っただけだ。ちっとも同じことではない。変数だけが好きだなんて、そんなことこのわたしに言わせないでくれ。確かな不変量を求めてやまないこのわたしに！　何度言ったらわかるんだ！　宇宙は理に反してなどいない。相対的なだけだ！」

それから彼らは専門的な議論をはじめる。黒板に図を描き、細かい説明をし、必要なときは何度でも説明をくり返す。アインシュタインは見たところとても慎重で我慢強い。何かというと

「きみならすぐにわかるだろう?」、「きみが予言したように」、「きみのおかげでわかったのだ」などと言ってニュートンを持ち上げる。

若い女性は英語ができる。注意深く聞いているが、じきに何もわからなくなる。たしかに自分は今、多くの頭のよい人たちに羨《うらや》ましがられるような、途方もない、驚くべき会見に立ち会っている。まさに宇宙物理学のサミットだ。でもそれが何になる? 特権的な立場にいても、何のメリットもない。どうすれば話が理解できるのか。素人にとって、たとえば「水星の近日点」などという言葉が、いったいどういう意味をもつというのだろう。「エネルギー」と一言でいうけれど、二人にとってこの言葉の意味する内容は同じなのだろうか。アインシュタインは、お気に入りの例を持ち出すにしても、ニュートンにエレベーターや飛行機の説明をするのが一苦労だといっていた。それなら「量子」とか「中性子」とか「電磁力」とか波打つ「光子」とかはどうなのだろう。これらの言葉を聞くたびに、ニュートンは眉《まゆ》をつり上げて怒っているようだけれど?

アインシュタインはせいいっぱい相手を持ち上げ、あくまでもにこやかに、好意的な態度を保ちながら、とつぜん彼女にニュートンを紹介する。この方は偉大な科学者で、その昔、数々の輝かしい発見をしてすばらしい宇宙理論を打ち立てた。もっともそこには何かが欠けていたが。

「なに? 何が欠けていたのだ」

「きみはさっき、考え方に欠陥があることを認めたじゃないか」とアインシュタインがいう。

「でもきみはそれをどう説明すればいいのかわからなかった。きみはこう言っていた。『わたしはありもしない仮定は置かない』。でもそれは嘘だ。認めるべきだよ！　離れたところに瞬時に作用するというのは、仮定以外の何ものでもない！　きみは神まで引っぱり出した。覚えているだろう。ときどきは神に介入してもらって、あちこち直してもらう必要があると言っていたじゃないか」

「そうだ。それがどうした」とニュートン。

「今ではそういう介入は受け入れられないのだ」とアインシュタインがいう。

「それはまたどうして？」

「敬愛するきみにこんなことは言いたくないが、もはや道具箱を抱えた神ではうまくいかないからだ」

「どうして？　だからどうしてなんだ！　まさかきみたちは神を捨てたんじゃないだろうな」

「宇宙の生成に関する限り、そういうことだと思う」

「なにい？　ああきみたち全員、気が狂ったな！」

「かもしれない」

「神が世界を創ったのではないというのか。創って組織化したのではないと？」

「わたしたちはもはや物事をそういうふうには見ていない。『創造』という言葉自体、もう使いたくないのだ」

「ふうん？　それはまたどうして？」

「わたしたちが生きているこの宇宙は一瞬にしてできたものではないからだ。それがどこから出現したのか良くわかっていないし、『ビッグバン』なるものをどう理解すべきかもわからない。でもある一点では合意している。それは、今日のこの状態になるまでには、何億、何十億年という月日がかかったこと、ややもやした星の集まりがいくつもできて、恒星のガスが混ざって、粒子がめまぐるしく生成消滅をくり返し、それからずっとあとになってごく大ざっぱな生命体ができて、それが何代も続くうちに少しずつ変化してきたこと、多くのものは途中で消えていったこと……要するに、長い、長い歴史があるということだ。きみたちの時代にこんな長い時間を想像することは不可能だった」

「しかし創造主を追い払って、かわりにきみたちは何を据えたのだ？」

「力と呼んでいるものだ」

「わたしの重力のようなな？」

「そうだ。それも入っている」

「他の力は何だ、for God's sake（一体全体）？」

そこでアインシュタインは、あいかわらず穏やかに辛抱強く、電気力と磁力について説明する。それらの基本的な働きをニュートンはすばやく呑み込んだようだ。アインシュタインは彼に懐中電灯を見せ、使い方を説明する。

ニュートンはそれを手にとり、スイッチを入れ、切ってみる。納得する。納得するしかないではないか。それにおそらく、アインシュタインや他のだれかに電気器具を試させてもらったのは、これが初めてではない。だが彼は「忘れっぽい」、とアインシュタインが若い女性にむかって声をひそめ、フランス語でいう。無邪気をよそおい、知らないふりをし、あたかもそれがつまらない子どものおもちゃであるかのようにふるまうのだ。

ともかく、これが電気力だ。ニュートンはそれを手の中に持っている。磁力のほうは、これは知っている、磁石ならニュートンも扱ったことがある。砂鉄で。そう、これもまた、これも子どものおもちゃになる。そうだ、磁気だ。これなら二人の意見も合う。アインシュタインはニュートンに子どもの頃の思い出を話してきかせる。四歳になった頃、方位磁石に夢中になったこと。どうして磁針はいつも頑固に同じ方角をさすのか、ふしぎに思ったこと。針をしたがわせる、見えない力の正体を知りたいと思ったこと。

ニュートンはしばらくアインシュタインの話に耳を傾け、ざっと説明してもらっただけで、二つの力が合わさって一つの力――電磁力――になることをあっさりと認める。そこまではいい。十九世紀末、ほとんどの科学者たちは――とアインシュタインはニュートンに言う（または思い出させる）――電磁力さえあればいつかは世界を統一的に理解して、その仕組みを解明できるのではないかと思っていた。

「重力を捨てるのか」

アインシュタインは答えない方がよいと思う。重力を解釈しなおしたものが一般相対性理論であること、そこでは重力が時空の歪《ゆが》みとみなされることを、どうやってニュートンに伝えればよいのだろう。どうすれば彼に新しい宇宙像への道をひらいてやれるだろう。どうすれば新しい物質観を示してやれるだろう。物質そのもの、たとえば地球、あるいはまったく別の天体、あるいは誰かが投げた石でも、木から落ちるリンゴでもいい、そういう物質そのものが空間を変える、もう少し正確にいえば時空を変えるということを、ニュートンに言っても大丈夫だろうか。

かりに言ったとして、ニュートンはそれらの言葉を理解できるだろうか。

彼にむかって、時間そのものもおそらく幻想にすぎない、などと言えるだろうか。

無数の宇宙？　決定的な不確定性？　アインシュタインはこれらのテーマは避けたいと思う。少なくとも今は。でも原子を避けるわけにはいかない。古代から議論され、ニュートンもその存在を受け入れていた原子。それが十九世紀の終わり頃、長い雲隠れの末にふたたび表舞台に登場するとともに、見えない世界が発見され、調べられ、それなしではすまなくなったのだから。

そして見つかったのだ。新しい世界で、新しい力が。

アインシュタインとニュートンは、こうして話をするようになって以来、強い核力と弱い核力について話すときほど、相互理解の難しさを感じることはない。いったい何が問題なのだ？　ニュートンは原子核や素粒子の話になるたびに、太い眉をキッとつり上げる。あたかも手を振って、うるさいハエかアブを追い払おうとでもするように。

こういう小さなものについて二人が話すのはこれが初めてではない。それでも話が少しでも原子核におよぶと、ニュートンの心はひどくかき乱されるのだ。原子核をその状態に保つ力と、粒子の崩壊を調整する力だと？　どうもそんなものは疑わしい、とニュートンは思う。どうして二つの力なのだ。どういうレベルで作用するのだ。どこから生まれたのだ。それらの核力を生み出すもとと、生み出すのに必要なエネルギーはどこからとってきたのだ。

そもそもこれらのことはすべて確かなのか？　そうだ、とアインシュタインは断言する。このあたりは、物理学のなかで彼が最も愛着をもっている領域ではないが、それでも科学的に確かだ、今では皆が同意している、と彼はいう。少なくとも、このことを研究した人たちは皆。そういうものをわたしたちは確実というのだ。今日では。

彼はまた、これら四つの力を統一してひとつにすることが大きな夢だとも言う。強い核力、弱い核力、電磁力、そして重力――これのおかげで完全にニュートン不在とはいえないわけだが。世界を動かすたった一つの力だと？　そうだ、とアインシュタインはいう。だれもがそれを夢みてきた。ニュートンだって生きている頃はそうだっただろう。偉大な科学者は誰でも力の統一を夢みてきた。混乱と無秩序におさらばすること。世界解明の鍵をみつけること、物理学の賢者の石をみつけること。たった一つの式であらわせるような一つの力。他の力がすべて多面体の面でしかないような、そんな多面体そのものとしての力。わずかな記号で書きあらわされた無限。今のところ、他に良い呼び名がないので「万物の理論」と呼ばれているもの。

アインシュタインの話を聞きながら、ニュートンはときどき首を振る。信じていないようだし、何より不安そうだ。

「でも何のためにそんな回り道をする？」と彼はたずねる。「何のためにそんなに細かく切りきざむ？　わたしの理論体系は、細かいところでは改良が必要だったかもしれないが、じつによくできていた。うまく機能していたのだ！　神もまだ主役の座にあって、皆それを心から喜んでいた！　わたしの理論は重力によって世界のしくみを見事に解き明かし、本物の宗教を使うことで魂の平和を保証した。それなのに、きみたちはいったい何が気に入らなかったのだ」

「もう昔のようにはいかなくなった、それだけのことだ」とアインシュタインは答える。「わたしたちは決してきみに反対しているわけではない。要求が厳しくなった、それだけのことだ。わたしたちの測定装置はとても精度が高くなった。きみの計算は、ニュートン教授、たとえばきみの時代にはなかった列車とか飛行機のような重い物体に対しては、今でもりっぱに通用する。ただ、その他の場合、別の大きさの世界では、話が違うのだ。きみの重力理論はじつはわたしの理論の近似でしかなかった。きみが言っていたことの一部は不正確で、一部は観察や実験によってあっさりと否定されてしまった。そのことは認めるべきだ。とくにこの世界――宇宙と呼びたければそれでもいいが――この世界はきみやきみの友達が思っていたより遥かに大きくて複雑なのだからね。きみには悪いが、これればかりはわたしも手の出しようがない」

「というと？」

アインシュタインは深いため息をつく。いったいこの男は忘れたふりをしているのだろうか、それとも本当に忘れてしまったのだろうか。

今やこれが二人の初めての論争でないことは容易に見てとれる。そして、かつては永遠とされていた原理――たとえば空間や時間の概念や（どんな話もかならずそこに戻ってくる）、宇宙が永遠に安定であるという考えなど――が近年になって崩壊したことも。ニュートンは確信していた。絶対的な確信があった。たとえ、とてつもない力によって、宇宙からありとあらゆる物がなくなってしまったとしても、からっぽの空間そのものは残る、それは物ができる前からあり、物がなくなっても残るのだと。巨大なからっぽの箱としての空間と、偉大な主人としての時間の理論。この時間は宇宙が完全に空になっても「存在」し続ける。みずからの姿はあらわさなくても「存在」する。たとえそれに服従する物が何もなくても「存在」するのだ。

アインシュタインはそうは考えない。空間についても、時間についても、違う見解をもっている。ただ彼の考えはなかなかわかってもらえないし、聞いてももらえない。ニュートンは、アインシュタインが示した方程式のなかにわからないものがあり、苛立ってかつらをとり、禿頭《はげ》の汗をふき、大急ぎでおかしな位置にかつらをつけ直す。それからたずねる。

「そういう妙ちきりんな仮定だとか、とらえどころのない気まぐれな粒子だとか、からっぽではない真空だとか、伸び縮みする時間だとか、体積のない空間だとかについてだな、そういうもろもろのおかしなものについて、きみたちは別の説明はできないのかね？　そのくらいしてくれてもいいだろう、まったく！」

「いいとも、アイザック、いくつか挙げてみよう。まだ何も確定したわけではないから、きみにも助けてもらえるかもしれないし。まあ、これを読んでみてくれ。きっとおもしろいよ」

アインシュタインは一抱えもある本や雑誌をニュートンに渡し、ドアの方に少しずつ押していきながらこう言う。

「もしわからないことがあったら、遠慮なく会いに来てくれ。とくに数学ね。わたしは一流の数学者ではないが、できるだけのことはするから。さあ、これも持って」

ニュートンはそのまま部屋の外に押し出される。顔をしかめてぶつぶつ言いながら、腕いっぱいに本や書類を抱えたまま待合室に入っていく。本を何冊か取り落とすが、まったく気がつかない。

科学者が「自分を神と思うとき」

ふたたび女子大生と二人きりになったアインシュタインは、今の中断などなかったかのように話し出す。

「ですから時間を摑《つか》む、たとえば正確に計ることも不可能なら、空間を限る、どころか形をあたえることさえ不可能だということ。それでわたしは――わたしだけではありませんが――『時空』というものを想定し、その中で物事を組み立てていったのです。おかげですべてがより単純になったとはいわないまでも、少なくとも前よりはましになりました」

「それについて話していただけますか」

「時間がありません。それに、出てくる概念があなたにはちょっとわかりにくいでしょう」

「わたしには理解できないと？」

「まあ、またこんなことを言って申しわけないが、数学の言葉を知らないと。あなたもその方面の知識はないと言っていたでしょう。それにここに博士課程の講義を受けに来たわけでもないし」

「どうしてわかるんですか」

「見ていればわかりますよ。一回の訪問で物理学者にはなれません。ご自分でもおわかりでしょう」

「さっきの人、ほら、あのニュートンですけど、どうしてあんなに興奮してたんですか」

「怖いのですよ」

「何が怖いんですか。栄光が消えるのが怖いのかな」

「それもありますね。とても野心的な人で、自分の輝かしい地位を大事にするあまり、先輩たちの業績を抹殺したくらいですから。たとえばロバート・フックという天文学者がいましたが、ニュートンはこの人から大きな恩恵を受けていたのに、完全に黙殺しました。それどころか自分が王立協会の会長になると、会館の壁からこの人の名前を消してしまったのです。そう、融通がきかず、尊大で、独裁的で、強硬な人でした。猜疑《さいぎ》心も強かった。証拠もないのに、微分法を盗んだといってライプニッツを非難しました。わたしがもう七、八回同じことを言っているのに、わからないふりをします。高慢なしるしです。あなたも見たでしょう。あのくらい凄い頭脳をもった人が大きな栄光に浴すると、自分を神だと思うときがかならずやってきます。世界は自分の言ったとおりでなければならないと思うのです」

「先生にもありましたか、そういうとき？」

アインシュタインは一瞬目をそらせる。彼女は食い下がる。

「答えてください」

「ありました、たしかに。それで非難されたこともあります。ミンコフスキーがわたしより前に時空を考えていたということ、これはわたしも認めました。はい。でも、ポアンカレがわたしより前か同じ頃に、彼なりの仕方で相対論を考えていたとか、ローレンツもそうだったとかいうことについては、何もいわなかった。そのとおりです」

「それって重要なことですか？」

「全然。宇宙はそんなこと気にもとめません」

「やっぱり。で、ニュートンは栄光の座から引きずり降ろされるのが怖いんですね」

「はい、おそらく。だれだって怖いですよ。でも、何といっても彼は科学者です。科学のやり方を心得ています。最終的には実験結果と観測事実にしたがわざるをえないでしょう。光の速さが有限であることを認めるでしょう。いや、わたしはもっと別の理由があると思いますね」

「何ですか」

「彼の身にもなってください。もう三百年近くもああして生きのびているのですよ。驚異的です。科学者としては記録的な長さではないでしょうか。たとえばわたしなどは、ようやく五十年がすぎたばかりだというのに、そろそろ終わりかもしれないと思うときがあるのですから」

「先生は何のために生かされているんですか」

「もちろん仕事をするためです。まえに言ったでしょう。研究を続けるため、人の研究に対して意見をのべるためです。ちょうどニュートンが今でもわたしの仕事に対してやっているように。彼の場合は完全に悪意ですがね。わたしたちは幽霊科学《スペクトル・サイエンス》をやっています。わたしたちの方程式、とくにわたしの方程式には秘密があるようなのですが、うまく隠されているのでわかりません。そこでわたしたちは探している。あそこの待合室にいる人たちや、わたしに手紙を送ってくる人たち、電話をかけてくる人たち、皆で力をあわせて、粘り強く探しているのです。わたしたちにあたえられている猶予は、永遠という大河のなかで見れば微々たるものです。死——というより肉体的な死——に対するささやかな勝利にすぎません。まだ生きているという幻想です。それでニュートンですが、彼がさっき本格的な議論に入りたがらなかったのは、今度こそ猶予を延長してもらうのは無理だろうと感じているからに違いありません。御用済みとなり、レースに参加できなくなったこと、近いうちに溶けてなくなり、役立たずの幽霊たちの無言の長い行列に加わることを予感しているのです。そうなったらもう戻ってくることはできません。科学史の本に十五行か二十行、跡が残ればよいほうです」

「先生もですか」

「もちろん。わたしたちはつぎつぎに消えていきます。ポケットに残った先人たちの業績のかけらとともに」


$E=mc^2$、反物質、暗黒物質……


「あの有名な公式もですか」

「どれですか」

「皆が知っているあれです、$E=mc^2$」

「ああ、あれね。でも、ほかにもあるんですよ。少なくとも同じくらいおもしろいのが」

「どうしてあれしか知られていないんでしょうね」

「それは……うむ、そういえばどうしてだろう。面倒くさいのかもしれない。あれが一番簡単そうだから。一番音楽的だから、一番覚えやすいから。追記の中で、ついでのように書かれている公式だから。なかなか難しい問題です！」

彼は話を止め、一瞬夢みるようなまなざしになる。それからこう言う。

「お話ししたいことは他にも山ほどあるのです」

「どんなことですか」

「たとえばエーテルが消滅したこと。これにはわたしも貢献しました。巨大な空間が空になったのです。そんなことはありえないと思われていました。わたしたちは空間から、そこに充満していた『エーテル』をとり除きました。触感がないのに固くて、目に見えず、水が波を伝えるように光を伝える媒質といわれ、絶対になくてはならないと思われていたあのエーテルをです。そう、エーテルはいっぺんに消えてなくなりました。ほとんど抵抗はありませんでした。それから、湾曲した時空についてもお話ししたい、これについてはほんの少しふれただけですから。それから、光が粒でできていることも。光は最高のメッセンジャーです。わたしたちはたえず光を発し、はね返している。お互いが見えるのは光のおかげです」

「わたしも光を発しているんですか」

「光を受けとり、それをわたしに送り返しています。そうでなければわたしはあなたが見えないはずです。ものが見えるのは、それが恒星のように光を発しているか、惑星のように照らされているから、そして、受けとった光子を送り返しているからです」

「わたしが反射した光もやっぱり先生のところに届くまでに時間がかかっているんですか」

「もちろん。どの光もそうです」

「あっという間ですよね」

「でも瞬時ではありません。あなたがわたしに話しかけたその瞬・間、ご自分の髪をなでたその瞬・間は、わたしにはあなたが見えません。見えるのはそれより一瞬あとです。でもわたしにあなたが見えたその瞬間、あなたはすでに変化していて、一瞬前のあなたではなくなっています。わたしに見えるのは、見えた瞬間より十億分の数秒分だけ若いあなたです。これはものを見ることすべてについていえます。さっき星を見ながら、出来事の同時性について話したことを考えてみてください。おわかりでしょうが、この『同時』という言葉は『尺度』と同じくらい意味がありません。一光年だろうが一ナノ秒だろうが、すべては離れている。あなたは星と同じようにわたしから遠いのです」

「光はいたるところにあるんですか？」

「深い闇のなかにもあります。闇の中の光は広範囲に散らばっていますし、ごく弱いのです。光ほど神秘的なものはありません。ご存じかもしれませんが、わたしは神秘的なものが大好きでした。今でもそうです」

「それについて文章をお書きになってますね」

「はい。いわゆるわたしの信仰告白の中に」

彼女は暗誦する。「人間にできる最も美しく最も深い体験は神秘の体験である」

そう、だいたいそんな感じだった、と彼はいう。あれはレコードになった、まるでディナーショーの歌手か何かのように。ともかく、科学でも芸術でも、高貴な活動の原点にはかならず神秘がある。神秘はあらゆる精神活動の最大の原動力なのだ。

でも、と彼女がいう。芸術は神秘を暗がりに置こうとするのに、科学は逆に神秘を光にさらし、神秘でなくすことを使命としているように見える。

　彼はそうは思わない。芸術はしばしば暗がりをもとめる。それはたしかにそうだ、芸術はそのためにあるのだから。けれども芸術は、大勢の人がたちまちそれとわかる明々白々な真実に達することもある。これにくらべて科学は神秘から神秘へと渡り歩く。それに、何か新しい光を見つけたと思っても、それを認めさせる方法がわからない。影は抵抗し、しぶとく生き残り、新しい住みかを作る。そのために科学者は不可解なものに対する（だれ知ろう）背徳的な嗜好《しこう》をはぐくみ、未知のものに惹かれてしまう。あたかも、未踏の広大な、そして死の危険に満ちた土地が、真の姿をあらわすために、開闢《かいびゃく》以来、彼らだけをひたすら待っているような、そんな気がしてしまうのだ。

　おまけに、いまだに魔術への思いを断ち切れない者たちもいる！　秘伝をさずかった者だけが知っている秘密の暗号や、物やシンボルや数に隠されたしるしに恋々としている連中だ。彼らは『テンペスト』のプロスペローが、シェイクスピアの命令で、魔術の本を永遠に海の底に沈めたことを忘れている。彼の魔術とその魔力は「海に放り投げられた」。プロスペローは魔術を捨て、故郷に帰った。このとき大きな、大きな一ページがめくられたのだ。十七世紀初めのことだった。コペルニクスは死に、ガリレオは活動の真っ最中、デカルトはすでに生まれていた。「すばらしい新世界《ブレイヴ・ニューワールド》」が到来したのだ。エルフや小人たちはどこか自然の中に行方をくらました。妖精たちは姿を隠し、猛《たけ》り狂った人々が最後の魔女たちを火炙《ひあぶ》りにした。

しかし、ときに旧世界の魔法が恋しくなることはあるとしても、今、わたしたちの前に果てしない土地が広がっていることにどうして気づかずにいられよう。世界のすばらしい魅惑は今始まったばかりだということをどうして感じずにいられよう。

「それから光の速さについてもお話ししたい」と彼は続ける。「わたしはこれをある種の限界点にすべきだと考えました。超えることのできない定数とするのです」

「どうして超えられないんですか」

「それは、物体の動く速さが光速を超えようとすると、その質量が無限大になってしまうからです。あなただってそんなことはありえないと思うでしょう」

彼女はしばらく「無限大の質量」とはどういうものかを夢想する。「無限大」「質量」——二つの言葉が頭の中でまわっている。じっさいこの無限大の質量というものを、彼女は見ることも想像することもできない。彼女の思考は思考不可能なものにぶつかり、当然のように停止する。

それでも、ひょっとして異次元の世界、他の宇宙なら——といってもそれがどういうものかはよくわからないのだが——無限大の質量もありうるのではないかという考えが頭をかすめる。彼女は単刀直入にたずねる。

「他の宇宙ってあるんですか」

「あるという科学者もいます。わたしとしては、われわれが知っているこの宇宙だけで十分ですがね」

「そうでしょうか。そんなことないですよ！　宇宙が複数あったら、すごいじゃないですか」

「ふむ。まあ、あるかもしれないな。そう思わせる要素はあります。証拠はひとつもないけれど、わたしたちの見ている宇宙が世界でただ一つの宇宙ではないということは十分考えられる。いやむしろ、唯一ではあるが複数の形をとる、といったほうが良いかもしれません。次元を余計にもっているわけです。それらの形のうち、わたしたちに見えるのはたった一つで、わたしたちはこれが唯一の宇宙だと思っている。そう思う理由は、見て、触れて、観察できるのがこの宇宙だけだからです。これもまた錯覚です。目が、感覚が、いや頭脳までが惑わされているのです」

「先生がそれを言うんですか」

「はっきりさせましょう。宇宙が複数あるとして、もしそれらがわたしたちとまったく切り離されていたら、手が届かないのですから、存在しないも同然です。逆に、もしそれらがわたしたちと関係があって、この宇宙がとりうる別の形なのだとすれば、結局は宇宙はひとつしかないということになります」

「でもわたしたちとは別の物質があるんでしょう」

「ああ、それは確かです。それも何種類か。そう言ったのはわたしではなくて、わたしより後の人たちですが。彼らはまず反物質を発見しました。これはかなりやさしかった。それから暗黒物質、そして別の『物質』も。いま『物質』と言いましたが、これを指すのにどういう言葉を使えばよいのかわからないのです。わたしたちの物質は互いに引き合うのに、この『物質』は互いに斥《しりぞ》け合います。そしてこの宇宙の全質量の、何と七〇パーセント以上を占めているらしい！　大部分を占めているのに未知の物質なのです！　これについては『無のエネルギー』、『暗黒エネルギー』、あるいは中世の錬金術のように『第五元素』とまで言われています。わたしが『時空』でやったことはほんの地ならしにすぎません。こうまで常識がひっくり返るとは思ってもいませんでした。あるいは、こうまで宇宙の姿が変わるとは思っていなかったと言いましょうか。この名づけようのない物質は、わたしの『宇宙定数』と案外近いのかもしれないと思うときもあります。そうでないときは、まだあれこれ考えています。でも、何種類かの物質があるからといって宇宙が複数あるということにはなりません」

今日、この複雑な宇宙を――と彼はさらに言う――わたしたちが獲得した人工的な、そして強力な目で眺めてみると、それは何かぶくぶくと沸き立っているもののように、どんな出来事がどこから噴き出し、どこへ落ち、どこで跳ね返り、どこへ消えてもおかしくない、そんなものであることがわかる。もはや航海の指揮をとるのは時間でも空間でもない。もしかすると時空でさえないかもしれない。計算も推論も終わりだ。わたしたちは解読可能なものの彼岸に着いてしまったのかもしれない。その境界あたりでよろよろしているのだ。

「で、あの公式は？」

「ああ、公式ね。ええと、あれはひとつの考えだったのですよ。すべての考えと同じように、いたるところにありましてね、それをわたしが最終的にあのような形にしたのです。懸命に仕事をして二年かかりました」

「どんな考えですか」

「物質とエネルギーが、じつは同じものだという考えです」

「どういうことですか」

「この二つはそれまでまったく別々のものと考えられていたのですが、ここで初めて結びついたのです。昔は、物質を動かすにはエネルギーが必要だといわれ、だれもがそのエネルギー源を探し求めたものでした。あれの力、これの力、風の力、寒さの力、熱の力、神の力。ところがどうです。今度は、あらゆる物質のなかにエネルギーがあるということになった。たとえばこの紙の中にも……」

そう言って彼は一枚の紙をひらりと床に落とす。

「……木ぎれの中にも、鉄の塊の中にも、どこにでも、何の中にも」

「どういうレベルの話ですか」

「もちろん目に見えないレベル、原子核のレベルです。だからこそ見つけられなかったのです」

「どのくらいの大きさですか」

「想像を絶します。原子の尺度でも測れません。考えられるかぎり小さな小さな体積の中に、莫大なエネルギーが詰まっています。そこでわたしは、いくつかの現象を説明するために、エネルギー——あの公式のEです——が、物質（これは質量といいかえられます）に巨大な数を掛けたもの、正確にいえば、光の速さcの二乗をかけたものに等しい、と定式化したのです」

「そのエネルギー、使えるんですか」

アインシュタインは口をつぐみ、数秒後に目をそらしながらこう答える。

「もう使いました」

「核エネルギーですか」

「もちろん。原子核——ある種の金属の原子核を分裂させて得たものです」

「そして連鎖反応を起こすんですね」

「そうです」

5　ナチスとファシズムの影

監視される日々

またしばらくの沈黙。アインシュタインは目をふせたまま、指でテーブルの上をこつこつ――音はしないが――叩いている。

女子大生は、彼の動揺、あるいは興奮に気づいてたずねる。

「それについて話すの、気が進みませんか」

「うーむ……。あなたはご存じだと思いますが――この部屋に来たときにそのようなことを言っていたから――わたしは核兵器の父として非難されたことがあるのです、ヒロシマの張本人だと言われました」

「でもそれは本当じゃないんですか」

「責任があることは事実です。でも直接的とはいえません、信じてください。こんなことになるとはまったく、一秒たりとも思ったことはありませんでした。原子核の分裂なんて最後の最後まで信じていませんでした、そんな考えは頭から追い払っていたし、計画がどこまで進んでいたかも知りませんでした、本当です。わたしは一生、平和のために闘ってきました。組織化された、備えのある平和のために。それに……」

「それに何ですか」

「わたしはユダヤ人です、ご存じでしょう」

「だれでも知ってます」

「ただ、ユダヤ教の信者ではありません。ユダヤ人の家庭に生まれましたが、とくにそれを意識したことはありませんでした。意識したのは四十歳の頃です。その頃、嫌がらせや誹謗《ひぼう》中傷がはじまったのです。それまでは、自分はドイツ人で、兵役を逃れるためにスイスに帰化したのだと思っていました。ところがあるときから……聞こえますか」

たしかに、ドイツの軍楽隊の音楽がしだいに近づいてくる。軍靴の響き、号令の声、エンジンの音が響いてくる。それに憎悪の叫び声、ヒトラーのわめき声も。

「人生の途中で、突然、仰天するような出来事に出くわして、進む方向が変わってしまうことがあるのです。そう簡単には忘れられない、恐ろしい不意打ちです。こちらに来てください」

アインシュタインは彼女を四つのうちの一つのドアまで連れていき、用心深く細めに開ける。

その隙間から、二人は眺める。

ドアの向こう側には、まるでスクリーンのように、昔の資料映像が大きなサイズで映し出されている。激しい物音もする。ナチスの行進、ユダヤ人の店やシナゴーグへの襲撃、投石、無惨に壊されたショーウィンドーと粉々に飛び散ったガラスの破片、公衆の目の前で燃えさかる本の山。

二人はそちらに一歩足を踏み出す。彼が彼女の前に立ち、彼女の目にその白い長髪が通りの風にあおられたのが見えると同時に映像が白黒でなくなり、色があらわれ、すぐそこで起こっている現実の出来事を見ている感じが強くなり、炎をあげる薪《たきぎ》の熱が感じられ、燃えにくいのでガソリンをかけなければならない印刷された紙の臭いがし、耳の中で響いているのかと思うほど叫び声が大きくなり、若い女性はこづかれ、押し返され、ガラスの破片が顔に飛んできたような気がじて、思わず手でよける。

「おわかりですか？」とアインシュタインが言う。「わたしの本もあの中に入っています。フロイトの本も、トーマス・マンの本も、プルーストの本も、シュテファン・ツヴァイクの本も、そのほか大勢の人の本も、全部火炙りにされました。そう、これは夢ではない。火の中に投げ込まれ、燃やされたのです。野蛮な、常軌を逸した行為です。愚かです。その奥には迷信がある。まるでフロイトやわたしが魔術師か地獄の使者で、火だけがその悪行を消せるとでもいうようだ。紙を燃やせば考えまで破壊できると思っているのです」

彼はふり返り、彼女の顔を見て、彼女が怯《おび》えていること、まだ生きていて若いこと、自分の体と人生について心配していることを理解する。

「帰りましょう」と彼は言う。

彼女はあとずさりする。だがその動作はのろい――あたかも彼女を包んでいるこの過去、憎悪という古い感情との生々しい接触に、危険なのにもかかわらず彼女を思いとどまらせ、魅了する何かがあるとでもいうように。

彼はふたたびドアを閉める。しかし山と積まれた本の燃える音、サイレン、苦しみと怒りの叫び声、銃声、ガラスの割れる音、鋭い警笛の音、戦車の轟音《ごうおん》がまだ聞こえる。

書斎に戻って二人は息をつく。彼女は彼に個人的に攻撃されたことがあるかどうかをたずねる。

「一番多かったのは侮辱です。わたしの理論はばかげていて危険だといわれました。『ユダヤ人の科学』などというレッテルを貼られて！ 死ねと書かれた脅迫状が郵便受けに入っていたこともありました。故国のドイツでは、嘘つき、ペテン師、ドイツ人を憎んでいるのだろうといわれました！」

「その頃にはとても有名になっていたのでしょう」

「はい。一九一九年、エディントンが相対性理論の検証をしたときからです。あれには驚かされました。毎日のようにジャーナリストにつきまとわれ、どこへ行っても写真を撮られました。外へ出れば人々が待ちかまえていて、珍しい動物を見るようにじろじろわたしを眺めるのです。いったいどういうわけで？ 何度となく自問しましたが答は出ませんでした。たとえば『物理学年報《アナーレン・デア・フィジーク》』という物理の専門誌に載ったあの四つの論文、あれをどれだけの人が読み、どれだけの人が理解したというのでしょう」

「エディントンはイギリス人でしたね。ということは、戦争中はドイツの敵だったのでしょう」

「つまり、彼とわたしが両国の和解をあらわしていたと言いたいわけですね。わたしたち二人がそのシンボルだったと？　それはまちがいです、そのイメージには裏があるのです。たしかにエディントンはイギリス人でした。つまり敵だったわけです。そしてドイツでは多くの『愛国者』が――悪いけれどこの言葉を使うといつも軽い吐き気を覚えます――戦争に負けた以上、敵を信用するわけにはいかない、信用するなどもってのほかだと言っていました。ですからわたしは有名であると同時に疑わしい人物だったのです」

「じゃあ、監視されていたんですか」

「はい、断言できます。四六時中見張られていました。異常な監視はだいたいその頃から始まりました。初めは信じられませんでした。自分が政治的に重要だなんて、これっぽっちも思っていなかったのですから。でもあとになって証拠が手に入りました。ドイツの諜報部、のちにはアメリカの諜報部がわたしの旅行について――たとえば新しい共産国に行ったときなど――詳しい報告書を作成していたのです。そこには、わたしが彼らの味方で、わたしの書斎は彼らの巣窟《そうくつ》になっている、と書いてありました。そんなバカな！　わたしはそれと知らずにスパイ小説の灰色のページの中で生きていたわけです。そしてそれが死ぬまで続いたのです」

「どういうことですか」

「そのあともアメリカで、一九三〇年代でしたが、もしかしたらナチス・ドイツとつながりがあるのではないかと疑われたのです。よりにもよって、わたしの本を燃やしたヒトラーの殺し屋たちとですよ！　ドイツはドイツで、わたしのことを悪党だ、危険な気違いだと言っていました。そして、『愛国者』を自認するアメリカの婦人たちは、わたしがアメリカの土を踏むのを阻止しようとしました。その理由は、わたしがドイツ人で、ユダヤ人で、おまけに共産主義者に違いないからというのです！　あの人たちはわたしのことを『スターリンより悪い』と言っていました！　まったく、ひどい目に遭いましたよ。そして一九四五年以降、アメリカ人は、わたしがロシア人と共謀しているのではないかと本気で疑いはじめました。またしてもアカとです！　ＦＢＩのある報告書には、わたしを秘密の研究に使わないほうがいいと書いてありました。そんなに早く忠誠なアメリカ市民にはなれないというのです。あいにくわたしはその年にアメリカ市民権をもらいましたがね！」

アインシュタインは大声で笑い出す。あまり笑うので口髭がブルブル震えている。自分の人生をおもしろがっているのだ。やがて笑いが止む。口髭も元通りになる。

「あの嫌らしいフーヴァー氏」と彼は続ける。「あの人は何十年もＦＢＩ長官の座に居座って、ありとあらゆることをやりました。文書の偽造もやった。何が何でもわたしを神聖な国土から追い出すべきだとアメリカ人に思い込ませようとしたのです。わたしは反アメリカ地下組織のリーダーということにされてしまいました。『赤い戦線』とかいう、一から十まで諜報部がでっちあげた架空の組織です。わたしの忠実なヘレン・ドゥカスまで監視されました！　これについて話し出せば明日の朝までかかりますが、疲れますし、気分が悪くなります。本当に。人間のなさけない面ばかりとり出してグズグズ言うのは嫌いです。それにこの点から見ると、人類は一歩も進歩していませんし」

「進歩どころか退歩しているという人もいますよ」

「退歩？　いや、そうは思いません。あれ以上悪くはなれない。なれるとは思えません。宇宙の理解が進むと道徳的に退化するだなんて、そんなこと、わたしは信じません。絶対に」

「科学の進歩がモラルの低下をまねくなんてだれも言ってませんよ」と、突然、分が悪いのを感じて彼女は言う。「ただ、二つの動きがほとんど並行していると言っているだけです。知れば知るほど、醜さが増すと」

「醜いのは昔と変わりません。今はそのための手段が増えたというだけです」

「おかげさまで」

彼は一瞬黙って彼女を見つめ――笑う気はすっかり失せたようだ――そしてたずねる。

「わたしのおかげですか。本当にそう思いますか」

彼女は軽く肩をすくめ、何もいわない。

彼は違う方向を見つめている。

ノーベル賞受賞と日本訪問

一九三〇年代はじめのドイツ。ホーヘンツォレルン家最後の皇帝、ウィルヘルム二世が一九一八年に退位したあとに生まれたワイマール共和国は、右傾化に右傾化をかさね、この頃にはすでに息も絶え絶えになっていた。一九二九年にニューヨークで起こった株価大暴落は、世界経済を荒廃させ、とくにドイツに立ち直れないほどの打撃をあたえた。恐ろしい勢いで進むインフレ、伝染病のように広がる信用失墜、病的な怨恨、あらゆる種類の非難と、復讐への激しい執念（とくにドイツが戦後したがわなければならなかった「屈辱的な」ヴェルサイユ条約に対して）。怪物に門をあけてやるための条件はすべて整っていた。

人々の間で疑惑、ストレス、疑心暗鬼、密告、ひそかな野心がしだいに膨らんでいった。アインシュタインが友人たちに語った言葉を借りれば、ヒトラーはドイツのすきっ腹からその力を汲《く》み出していた。この息づまるような空気の中で、突然有名人になったアインシュタインは、有名になった理由はわからないながらも、名声を利用して自分が正しいと思うことを主張しようとした。

彼はいたるところに姿を見せた。一九三〇年を例にとれば、ベルリンでラジオ放送展覧会の開会演説をし、法務省に（ときには友人のプランクとともに）足を運び、大臣たちと同席し、ソルヴェー会議に出席し（この会議はベルギーの裕福な実業家の発案により、有名な科学者たちを集めて一九一一年から始まった）、講演の数を増やし、すでにドイツとオーストリアを蝕《むしば》みつつあった反ユダヤ主義に彼なりのやり方で抗議するため、あちこちのシナゴーグでバイオリンを演奏し、募金活動に参加し、署名運動に協力し、新しい教育法のために力をつくして闘い、科学が社会の役に立つことを信じ、しばしば人権擁護連盟の集会に参加した。

一九二二年、日本を訪問したとき（この間に、彼にようやくノーベル物理学賞が授与されることを電報で知った）、群衆はまるで預言者につき従うようにおとなしく彼のあとをついてきた。世間の人々にとって、彼は自然界の秘密をつきとめた英雄だった。たとえその秘密を説明する言葉がよくわからなくても、彼は全人類のヒーローであり、人間をとりまく危険な神秘にたいする直近の勝利を体現していた。彼について語る者はほとんど義務のように「天才」という言葉を使った。彼は公にみとめられた天才だった。

ポツダムでは、彼の名前のついた天文観測塔が建設された。数年後には、ニューヨークのリヴァーサイド・バプテスト教会の正面扉に、あらゆる時代の聖人や偉人――モーセ、カント、ミルトン、ダーウィン、デカルト、ベートーベン、トマス・アクィナスなど――にまじって彼の肖像が彫られた。のちに彼は、牧師に案内されて扉の彫刻を見たとき、そこに彫られた中で自分がただ一人生存していることに驚き、これからは言動を慎まなければなりませんね、と言っている。

親しい人たちには、ユダヤの聖人になるのをうまく回避した自分が、結局はプロテスタントの聖人になってしまったといって笑った。

「フロイトをご存じだったでしょう」

「はい、ちょうどこの頃です。彼のほうが年上で、やはり超有名人でした。わたしは彼を『ご老人』と呼んでいました。彼はわたしのことを心理学では無能な人間だと言いました。彼自身が物理学では無能なのと同じだと。だから二人は意気投合したのかもしれません」

「フロイトもユダヤ人でしたね」

「そして信者ではなかった。これもわたしと同じです。あらゆる宗教から距離を置き、かなり警戒していた、と思います。宗教のことを、集団神経症とか、何かそれに似たもの、一種の感染症だというようなことを言っていました。彼はナショナリズムや愛国心も警戒していました。最後の著書では、ユダヤ教の開祖をユダヤ人でなくそうとさえしました。つまりモーセはじつはエジプト人で、ユダヤ人によって殺害されたと説明したのです。もちろん人々はそんなことは信じませんでした。その気持ちはわかります」

「二人で力を合わせれば何かできると思っていましたか」

「やってはみました。二人とも幻想はもっていませんでしたが」

フロイトとアインシュタイン

アインシュタインは子どもの頃から、戦争に激しい嫌悪、本能的な嫌悪を感じていた。当時言われていたように、彼は「平和主義者」なのだ。武器や、行進や、ファンファーレは大嫌い。力や規律で世界が動くとは思わない。勝利だとか、降伏だとか、条約だとかの力は信じない。あらゆる愛国精神に反対で、第一次世界大戦中にドイツが犯した戦争犯罪について調査するよう要求したことさえあった。世界的に権威のある国際組織だけが戦争を終わらせることができると信じ(自分があまりにも世間知らずであることを自覚するときもあったが)、そのような組織ができることを生涯願い続けた。彼は、多くの人が宗教的熱狂から愛国的熱狂に移行するのを嘆かわしい思いで見つめていた。

第一次世界大戦中、ドイツでは、戦争中の祖国を助けるために「文化世界へのアピール」という署名運動がおこなわれた。ドイツの軍国主義を手放しで称え、「ドイツ軍とドイツ国民は一体である」と謳《うた》ったもので、そこには九十三人の名士が名をつらねていた。アインシュタインの友人で同僚でもあるマックス・プランクや、ベルリンの有名な舞台演出家マックス・ラインハルトの名も見えた。

アインシュタインは署名を拒否したばかりか、即時停戦と諸国民の和解をよびかける「反対アピール」に署名しさえした。中立国スイスで彼と出会ったフランスの作家ロマン・ロランによると、アインシュタインは連合軍の勝利とプロイセンの決定的敗北を願うほどであったという。

じっさい彼はプロイセンの敗北とヴィルヘルム二世の転落をよろこび、ワイマール共和国の誕生を歓迎し、新生ドイツのために闘った。ベルリンでは、わりに激しいデモの最中に、それまで学生たちに監禁されていた大学幹部を解放させることに成功した。

アインシュタインはあらゆる機会をとらえて発言した。また、そのような機会はしだいに増えていったが、その栄光にもかかわらず、喧噪《けんそう》の中で、彼のかぼそい声はほとんど掻《か》き消されてしまった。そこで彼はフロイトに手紙を書き、いつも頭から離れない問題――しかし物理学には答えることのできない問題――について質問した。なぜ戦争なのか、と。

「なぜ大衆は、狂乱するまで、我が身を犠牲にするまで興奮に身をまかせるのでしょうか？　憎悪と破壊の強迫観念にもっと耐えられるように、人間の心理的発達を導く方法はあるでしょうか？」

アインシュタインはこれらの問いを、彼自身の言葉をかりれば「人間の本能を熟知している」フロイトにぶつけた。

これに応えてフロイトは長い手紙を書いた。二人のやりとりは一九三三年、ヒトラーの選挙の直前に出版された。フロイトの信ずるところによれば、わたしたち人間の中には憎悪と破壊の欲動が存在する。このタイプの欲動は、保存と結合を欲するエロティックな欲動の対極にある。これら二つの相反する欲動はともに不可欠なものである。どちらも単独では表れず、どちらにもかならず相手の要素が少し混じっている。だから図式的に一方を善、もう一方を悪ときめつけてはならない。

フロイトによれば、死の欲動はあらゆる生きもののなかで働き、生命体をアニマのない物質の状態にもどす。しかし人間の破壊的傾向を根絶しようとしても無駄だろう。戦争は――とフロイトはアインシュタインにいう――遠い昔からわたしたちの一部をなしているのだ。戦争は人間の文明化と歩を一にしてきた。そして文明は不可避的に人間心理の変化をもたらした。わたしたちはしだいに本能を失い、欲動をコントロールし、制限するようになった。だから戦争が耐え難く思われるのだ。

どうすれば戦争をなくすことができるだろう。正直いってわからない、とフロイトは打ち明ける。それでも彼は断言する。「文化の発展のために尽くす者はすべて戦争反対のためにも尽くすものだ」と。

アインシュタインとフロイト――当時ヨーロッパで最も名声を博していた二人――は最善をつくした。水かさが増してあらゆる方面に広がる泥の河に、ひとしずくの水を飛ばした。だがもう遅い。彼らの声はだれの耳にも入らない。人間の精神はまたしても――歴史ではよくあることだが――その最も鋭い部分を、みずからの毒で圧殺した。

平和に力はつくしたが……

たえず宇宙をかけめぐり、とほうもない広がりに足を踏み入れ、無限の可能性の中で踏み迷っていた考えが、いっとき地球をふり返って、そこで性懲《こ》りもなく繰り返されているささいな喧嘩《けんか》や国境紛争、所有権争い、架空の境界線や山脈、川、税関事務所を挟んで繰り広げられる侮辱と脅しの応酬、わたしたちの手足を縛るけちくさい、料簡の狭いナショナリズムを目にしたら、何と言うだろうか。

星から帰ってきて、どう反応するだろうか。

おそらく地球上のつまらぬ争いに首を突っ込む気にはなれないだろう。そのような些事《さじ》はあまりにも遠く感じられる。星はだれのものでもないのだ。

とはいえ、この考えを抱いた当人は、好むと好まざるとにかかわらず、やはりこの地球の人間だ。彼が生まれたのはこちらであって、あちらではない。この地球上のどこかで生まれ、小さい頃から特定の言葉をおぼえ、教育を受け、さまざまな感情や考えをさずけられてきた。特定の話し方、服装、行動様式、食習慣になじんできた。この地球上で彼は成長し、大人になったのだ。その彼が、自分の属している民族が脅かされ、侮られ、踏みにじられ、身ぐるみ剝《は》がされ、追い出されようというときに、どうして何もせずにいられようか。果てしない世界をしばし忘れて危機に瀕した我が砂粒に力一杯しがみつかずにいられようか。

アルベルト・アインシュタインは、わたしたちが平和と呼ぶものの実現に向けて最善をつくした。はじめは無名の人として、のちには有名人として。しかしその努力は報われなかった。彼の生きている間に二つの世界的規模の殺戮があいついだ。しかも彼はみずからの研究のせいで、歴史上他に例を見ない、何とも異様な立場に立たされた。平和を訴える声が溶けて消えてしまう一方で、彼から生まれた音楽的に心地よいあの公式が、やがて大惨事をもたらすことになったからである。

「『わたしは二度の戦争と、二人の妻とヒトラーを生きのびた』と先生が言ったというのは本当ですか」と若い女性がたずねる。

「おぼえていません。でもわたしなら言いそうなことです」

ドイツを去ることになったわけ

一九三三年彼はプリンストン大学の客員教授に着任した。だがアメリカ合衆国へはその前にも訪れたことがある。最初の訪問は一九二一年で、二番目の妻となった従姉のエルザと、数人の友人がいっしょだった（エルザと結婚したのは一九一九年。最初の妻と離婚した年であり、エディントンのおかげで突然の栄光に包まれた年でもある）。

この訪問の目的は、戦闘的シオニストであるカイム・ワイツマンとともに、エルサレムにヘブライ大学を創設するための資金を集めることだった（ヘブライ大学は一九二五年に開設された）。あらゆるナショナリズムに対する持ち前の警戒心のため、彼はユダヤ人国家の建設という考えにはじめは乗り気ではなかったが、ヨーロッパにおける迫害の激化に直面して意見を変えた。それでこの「ドル屋」行きを心ならずも承諾したのだ（だいぶ後、一九五二年に、イスラエル初代首相ベングリオンから新生イスラエル大統領の椅子をすすめられたときは、知識や経験不足を理由に断っている）。

有名人アインシュタインの伝説は、この時すでに当人の日常生活にまぎれ込んできた。アメリカに向かう船中では、彼の仕事を邪魔しに来る者がないように、船員たちが交代で船室の前で見張りに立っていたという。

「アメリカでも有名だったんですか」

「はい、着く前から。何しろ有名人好きな国ですからね。わたしの肩には『世界的有名人』というラベルが貼ってあったのです。その理由はわたしにはわかりませんでしたが。というより、花束やメダルで歓迎してくれた人々にもわかっていませんでしたよ。まあこれを見てください！その気になれば広告料で一財産つくれたでしょう！」

そういって彼は山積みの写真、彼にかんする本、雑誌、ちらし、葉巻や万年筆の広告に彼の写真を使いたいという申込書などを指さしてみせる。彼女はおもしろそうにそれらを手にとって——中にはアインシュタインの塩入れやアインシュタインのペーパーナイフもある——ためつすがめつしながら言う。

「今でもこうですよ。じつは、ここに来るとき、先生の写真がプリントしてあるTシャツを着てこようかなと思ったんです。でもちょっとそこまではできませんでした。悪くとられたら困ると思って」

「とんでもない。わたしだって一度は着ているのですから」

「それにしてもすごいですよ。世界的な人気者で、しかもだれもその理由がわかってないなんて」

「ニューヨークに着いたとき、わたしは妻に言ったものです。こんな出迎えにふさわしい人間なんて世界中どこにもいやしない。何だかぼくたちは詐欺《さぎ》師になったような気がする。最後は刑務所にぶちこまれるんじゃないかって」

「大騒ぎして迎えた人たちの中に、先生のお仕事が理解できた人は一人もいなかったって聞きましたけど、本当ですか」

「まあそうですね。ジャーナリストたちは——アメリカに限りませんでしたが——わたしが何について仕事をしているかも知りませんでした。それも最初からです。一九一九年の十一月に、エディントンがロンドンで観測の結果を発表したとき、『ニューヨーク・タイムズ』にその記事を書いたのがだれだったかごぞんじですか」

「さあ」

「ゴルフ専門の記者ですよ！」

ひとしきり笑い声を響かせたのち——若い女性は慣れてきた——彼は話に戻る。

「わたしのことを評して、神秘的な幻視者の一種だの、深遠な導師《グル》だの、世界の秘密をポケットの中で温めている魔術師だの、いろいろな言い方がされました。どれもわたしの嫌いなものばかりです。でも何よりアメリカ人の興味をそそったのは、わたしがよく靴下を履《は》かずにいたことでした」

「どうして履かなかったんですか」

「別に決めていたわけではありません。履かないこともあれば、片方だけ履いていることもありました。ただ忘れていただけなのです。朝が来て、服を着る。片方の靴下を履くと、何か考えが浮かぶ。それを書き留めるために立ちあがったところで、もう片方とはさようなら。特別変わったことはありません。うっかりしていただけです。それに、あなたは気がついているかどうかわかりませんが、靴下というものはかならず最後に親指に穴があきます。繕《つくろ》っても何にもなりません」

「靴下なんて、もう繕いませんよ」

「昔は繕っていました。今では捨てるらしいですね。とにかく、そうやっているうちに、あまり寒くなければ靴下なしでも快適に暮らせることがわかってきました。試してごらんなさい。靴下ほどばかげたものはありません。あるとすればネクタイですかね。それに、いいことを教えてあげましょうか」

「何ですか」

「しまいにはこれが好きになったのですよ。ほら！」

彼は両手でズボンの裾《すそ》を持ち上げて、サンダルを履いた素足のくるぶし、白い肌を見せる。あの頃、物理学者たちは——と彼はいう——他のすべての科学者と同様に、ネクタイと白いカラーをつけていた。カフスボタンをして試験管をあつかっていた。あたかも暗い色のきちんとしたブルジョワの服装が、厳密な思考には欠かせないとでもいうように。

彼のほうは、はじめは皆と同じような服装をしなければならなかったが、しだいにカフスボタンを留め忘れ、ベルトを締め忘れた。考えが沖へ沖へと出ていくにつれて、身体は皺《しわ》の寄ったルーズなものに慣れていった。

「今となってはもう変えられません」と彼はいう。「それに今ではウイングカラーもほとんど作っていませんし」

彼はアメリカで天文学者のハッブルと知り合った話をする。ハッブルはウィルソン山天文台の責任者で、宇宙は静的だと考えていたアインシュタインに、じつはそれが膨張していることを認めさせた人物だ。アインシュタインはすすんで自分の誤りを認めたのだった。若い女性は、星の写真を撮る有名な天体観測衛星にハッブルの名がついていることをアインシュタインに教える。

「知っています。写真を見たことがあります。とても美しかった。でもしょせん写真でしかありません。ところで、有名といえば、チャップリンがわたしに何といったかごぞんじですか?」

「いいえ」

「こう言ったのです。わたしは――チャップリンのことです――とても有名だ、だってだれでも理解できるから。あなたはもっと有名だ、だってだれにも理解できないから、って! 微妙にニュアンスを変えてわたしはこう言いました。あなたが外出するとき、人々の中に入っていくときは、チョビ髭をとるからほとんどだれにも気づかれない。素顔が仮面となってあなたを守ってくれる。でもわたしは逆に自分の素顔を守らなければならない」

「栄光は役に立ちましたか」

「仕事では全然。それどころか邪魔でした。時間をたくさんとられましたからね。独りになって、暗がりで考えごとをしたいとばかり思っていました」

「仕事以外では？」

「かなり余裕のある暮らしができました。そのくらいです。プリンストンや他の機関で、名目だけの教授職がもらえました。いくつか講演をして、論文を書いていればいいという……。でもお金にはあまり興味がありませんでした。いつもわりに質素な暮らしをしていましたし、それに……」

彼は話を中断し、何かに耳を澄ましているように二、三秒黙る。

若い女性も耳を澄まし、ひとつのドアのほうをふり返って見る。ふたたびアインシュタインのほうを見ると、その姿がない。

彼女はあちこちを見まわす。アインシュタインがいない。突然消えてしまった。いつのまにか物が置き換わる広い書斎に、彼女一人きりだ。一瞬、彼女はここを出ようと思ったらしい。怖くなったのだろうか。何しろこんな怪しげな場所だ。多くの危険が、急な断層や落とし穴がひそんでいるかもしれない。祖父の家の納屋で読んだＳＦ小説（時空の裂け目に吸い込まれた旅行者の話）を思い出し、彼女はテープレコーダーをつかみ、ショルダーバッグと何枚かのメモをつかむと、さっと待合室のドアのほうに歩きだす。

足が止まる。もしかしたら、今出て行ってはもったいない、こんなチャンスは二度と巡ってこないと思ったのかもしれない。バッグに手を突っ込み、携帯電話をとりだす。通じない。インターネットに通じないどころか、発信音もしない。いくつかボタンを押してみるが、やはりだめだ。ほとんど驚かず、ふたたびドアのほうに歩きだす。出て行く前にヘレン・ドゥカスに会ってみようか。良いかもしれない。五つのドアのうち一番狭いドアに向かって数歩進む。

そのときだ。書斎の外で何やら騒がしい人の声がする。またしても叫び声、ドアが蹴破られる音、ガラスの割れる音。好奇心にかられた彼女はまたしても考えを変え、突然、もう一つのドアのほうに進んで、それを開ける。

そこは一九三一年か一九三二年の、ドイツのどこかの講堂だ。アルベルト・アインシュタインが壇上にいて、話をしようとしているが、あちこちから野次と口笛と床を踏みならす音が沸き起こり、インク壺が飛び、椅子が壊される。ユダヤの科学を殺せと大声で怒鳴る声がする。ユダヤの科学などそもそもあるのが間違いだ、ユダヤ人には真理を発見するどころか、受けいれることもできないのだ。奴らの精神は汚染され、倒錯し、真理に閉ざされている。このことは奴らのみじめな歴史の中でたびたび証明されているではないか！　一九〇五年（アインシュタインが四つの論文を発表した年）にノーベル物理学賞を受賞したフィリップ・レーナルトのような偉い学者も書いている。「ユダヤ人は、アーリア人の研究者とは反対に、明らかに真理を理解することができない」。

だからユダヤ人の公式など火の中に放り込め。相対性だの、曲がった時空だの、そんな反ドイツ的な非常識はすべて燃やしてしまえ。自称ユダヤの学者、大嘘つき、腐った預言者、健全な精神を破壊する者はすべて火炙りにしろ！

アインシュタインは必死に身を守ろうとする。が、かなわず、大急ぎでメモ類をかき集め、補佐役の体に半分隠れて演壇を去る。

若い女性はそこに、講堂にいる。煙草の臭いがする。激しい憎悪の光景が目の前でもう一度くり返される。彼女はあの人からこの人へと視線を移しながら耳を澄まし、もっともらしいことを言おうとして怒鳴っている人の声を聞き、ドイツ語は知らないのにその内容をほとんど理解する。

ここにいたくない！　数歩後ろに下がり、あとずさりしながらさっき入ってきたドアを抜け、書斎に入る。すばやくドアを閉める。講堂の怒号と騒音はまだ聞こえているが、しだいに遠くなり、過去の中に消えていく。

そのとき彼女の後ろで、アルベルト・アインシュタインの声がする。

「わかりましたか、わたしが出て行ったわけが」

6「神はサイコロをふらない」

ルーズヴェルトへの手紙

そう、彼は出て行ったのだ。というより、帰らなかったのだ。

一九三三年、ナチスがドイツで正式に権力を握ったとき、彼はベルリンの住居が数度にわたって荒らされたことを、旅先のアメリカで知った。湖のほとりの、カプート村の別荘も同じ目に遭ったという。ユダヤ人は逮捕され、政府を批判する者は投獄されるか殺された。アインシュタインは、プランクの勧めにしたがい、プロイセン科学アカデミーに辞表を送った。科学者は政治にかかわるべきか。そもそも彼らは意見を持っているのか。激しい議論が戦わされた。「科学は考えない」と少し後にハイデッガーは言ったが、アインシュタインも、他の科学者と同様、つねに「思考」をより所とする。二つの「考」は同じ精神活動をさしているのだろうか。研究者は考えないようにすることができるのか。世界を記述し、説明するのが彼らの仕事だといわれるのに、その世界へのまなざしを断ち切り、考えることをやめなければならないのだろうか。

ユダヤ系の研究者はドイツを離れはじめた。思想がドイツから逃げ出した。

アインシュタインは国家反逆罪に問われた。その首には五万マルクの懸賞金（高すぎる、と彼が言ったとか……）がかけられたという（証明はされていない）。彼はドイツ国籍を捨て、ナチスが権力の座にとどまるかぎり故郷には帰らないと宣言し、はじめはベルギーの海岸の町、コック＝シュール＝メールに滞在した。そこからイギリスに行き、依頼があれば発言し、チャーチルと食事をともにした。ドイツの新聞の一面には彼の写真が「絞首刑待ち」とのキャプションをつけられ、告発文とともに掲載された。滞在先の家では、護衛のために派遣された警官たちが庭をパトロールし、階段で眠っていた。

アインシュタインは、創設間もないプリンストン高等学術研究所の所長、エイブラハム・フレクスナーの招きに応じ、ふたたびアメリカに出発した。ニューヨーク港に到着すると、群衆とカメラマンをまいてこっそり逃げ出した。万事、目立たないように気をつけた。こうして、やがて彼のおかげで有名になる小さな大学町に落ち着き、一九五五年に死ぬまで、比較的質素な家で生活し、仕事を続けたのである。

彼が要求した（飾り気のない）書斎の備品のなかに大きな屑《くず》かごがあった。彼の言い方によれば、出来損ないをたくさん捨てられるようにだという。ヨーロッパには二度と戻らなかった。自発的な流刑囚であり、模範的な流刑囚だった。

「ドイツが懐かしくなることもありましたか」

彼は肩をすくめる。答になっていない。彼女は重ねてたずねる。

「カプートのすてきな別荘とか、湖とか、友だちとか……」

「話したくありません」

彼女は黙りこむ。若いながらも、彼の胸に残る古い悲しみの跡、放置された古傷の疼《うず》きを察したのだろう。世界像を変えた男も自分の国を変えることはできなかった。時間を変えた男も歴史に対しては何もできなかった。ドイツ、残酷な母国。

たしかに、狭義の科学においては、彼の全盛期は過ぎたようだった。ソルヴェー会議では、ニールス・ボーアをはじめとするコペンハーゲン学派の優秀な若手から異議申し立てを受けたし（ボーアには妙に決めつけるようなところがあった）、晩年、自分でも認めたように、統一理論をもとめたことは間違っていたかもしれなかった。この宇宙には秩序があり、観測者とは独立の実在があり、いかなる物理的影響も光速より速く伝わることはできないという因果律がある、と頑固に言い続けたことは間違っていたかもしれなかった。しかしそれにもかかわらず、彼の名声は傷つかなかった。彼の顔と姿は全世界に知れわたっていた。人は彼を天才と呼び、そのくせなぜそう呼ぶのかはまだよくわかっていなかった。褒美《ほうび》と称賛は雨のように降ってきた。どこへ行っても名誉博士号を授与され、金メダルや、小型の彫像や、賞状や、ときには小切手まで贈られた。

外出するたびに写真を撮られるので、自分の本当の職業はモデルだと言ったこともある。一九四八年、手術のあと、病院で数日すごして退院したときは、うるさくつきまとうカメラマンにむかって舌を出してみせた。この失礼な写真は今日でも二十世紀の代表的図像のひとつとなっている。

「一度。そう、一度、有名なことが役に立ちました」と彼は言う。「直接わたしの役に立ったわけではありません。あの場合、何かの、またはだれかの役に立ったかどうかはわかりません。でもわたしが役に立ったことは確かです」

「ルーズヴェルトへの手紙に、ですか」

「ご存じなのですか」

「来るまえに少し調べたんです」

彼はしばらく黙りこむ。気軽に話せる思い出ではないのだ。

「あの手紙を書こうと決心するとき、ご自分がユダヤ人であるということが何か影響をあたえましたか」

「そうですね、影響はあったかもしれません。はっきりとは意識していませんでしたが。一九三八年とか九年になると、ドイツで何が起こっているのか、どんな恐ろしいことが準備されているのか、もうわかっていました。知らずにいることは不可能でした。彼らの声明や演説をよめば明らかでした。はっきりと皆殺しを予告し、総力戦と殺人を呼びかけていたのですから。ヒステリックな声ばかりが演壇を独占してマイクを震わせていました。わめいている内容はどれも同じでした。死の商人たちに焚《た》きつけられていたのです。残りの人たちは、見ざる、聞かざるを決めこんでいました」

だれひとり、あるいはほとんどだれも、アインシュタインが示した新しい概念を理解することができなかった。

だれひとり、ドイツ国民がその運命を狂気の犯罪者にゆだねたということを理解できなかった、あるいは認めたがらなかった。

「ナチスが原子爆弾を作ろうとしていたことはご存じでしたか」

「恐れてはいましたが、確かな情報はありませんでした。作る気になれば技術的には可能でした。優秀な物理学者が何人もいましたからね。ハーンとか、シュトラスマンとか、ハイゼンベルクとか。経済的にはどうだったのでしょう。あの時点ではわかりませんでした」

「ニールス・ボーアは、ナチスが作ると思っていたでしょうか」

「はい、それはもう。ハイゼンベルクが戦争の最中にわざわざ彼に会いにやって来たのです。ニールスはそのことを同僚のユダヤ人女性から事前に聞いて知っていました。彼女に知らせたのはハーンです。ハイゼンベルクは敵国のデンマークに、国家反逆罪に問われるリスクを冒してまで、こっそり私人としてやって来ました。彼はボーアに何を言ったのでしょうか。ドイツが核兵器の開発に乗り出したことを教えたのでしょうか。それとも、一部の人がいうように、平和利用のための原子炉の話だけだったのでしょうか。それをボーアが、原爆を作っていると解釈したのでしょうか。正直いって、わかりません。情報は混乱したまま。中には互いに矛盾するものもあります。わたしは、作るとは思っていませんでした。本当です。甘かったのです。世界を破壊するためにわたしの理論が使われるなんて、考えたこともありませんでした。あるときプラハでチェコ人の学生が、そういうこともありうることを示そうとしました。でもわたしは耳を貸そうともしませんでした。質問されたときはいつも、そんなことはありえない、そんなバカな、と答えていました」

「先生も目をつむってたんですね」

「そうかもしれません。わたしの等式に黙示録の引き金が引けるなんて思っていなかった。当然のことながら、そんなことのために考えたのではないのです。純粋な研究の結果にすぎませんでした。明白な事実が目の前にあるとき、それをしりぞけることはできません。見えるのは良い面ばかり。知の進歩とか、物質の本当の姿がわかるとか。そのために研究しているのですから。実際問題としても、技術的にも、無理に決まっていると思っていました！　たとえば大きな軍港が破壊できるような『原子爆弾』を作ったとして、それを運ぶにはリモートコントロールできる巨大な船が必要になりますが、そんなものをいったいどうやって作るのか。また、そういう船――これについてはルーズヴェルトへの手紙に書いてあります――ができたとして、はたしてそれが探知されずに大西洋を越えてニューヨークにたどり着けるのか？　そのような壊滅作戦は考えられない、人間の能力を超えている、とわたしは思っていたのです」

「でも人類は遠い昔からそれを夢みてきましたよね……」

「たしかに。わたしたちは創ることと同じくらい壊すことを夢みます。ソドムとゴモラ、稲妻、堕落したこの世の終わり、バベルの塔の崩解、倒れた、大バビロンが倒れた……それから、遠くインドでは、最も古い文書にすでに完全無欠の武器についての記述があるといいます。パスパタといって、この宇宙の命あるものすべてを滅ぼすことができるのだとか……」

「命あるものすべて？」

「戦場では草さえ恐怖におののいた、と昔の詩にあります」

「どうしてそんな、何もかも壊したいなんて恐ろしい欲望を？」

「フロイトにお聞きなさい」

「会えるでしょうか、彼にも？　フロイトも猶予期間をもらったんですか。どこかにいるんですか。わたしにも彼に会うチャンスはあるでしょうか」

「わかりません。近頃、噂を聞きませんのでね。でも彼なら何と答えるかはおわかりでしょう」

「死の欲動ですか」

「まあそんなところです。集団破壊の欲動、遠い過去のなごり」

「一種の古代回帰かしら」

「わかりませんね」

「もしヒトラーが原爆をもっていたら」と若い女性は言う。「躊躇《ちゅうちょ》せずに使ったでしょうね」

「よくそう言われました。わたしを慰《なぐさ》めようとしたのですね。それにわたしも、ときどき自分にそう言い聞かせたものです。どうぞこちらへ」

ニールス・ボーアのこと

彼は女子大生を案内してひとつのドアをあける。ドアの向こう側は質素な部屋だ。ロングアイランドの海辺の家だと彼が言う。海が見え、海鳴りが聞こえる。暑いけれど空気は乾いている。白いちぎれ雲が大西洋の上空に浮かんでいる。

額に汗を浮かべた二人の男性がそこにいる。時は一九三九年の七月、二人の男性はレオ・シラードとユージン・ウィグナーだ、とアインシュタインが教える。ともに物理学者で、信頼できる人たちだ。シラードのことは昔から知っていた。彼もやはりユダヤ人で、貯金を靴に詰め込み、慌ただしくドイツをあとにしたのだ。

二人の物理学者は若い女性に気づいていないらしい。アインシュタインは彼女に手短かに状況を説明する。彼らはルーズヴェルト大統領に手紙を書くよう彼を説得しにきた。ドイツを焦土とするため、ルーズヴェルトに働きかけて、原子核分裂、核エネルギー、そしておそらく最終的には核爆弾へといたる軍備競争にアメリカを駆り立てようというのだった。

彼らはそれを頼みに来たのだ。平和主義者の彼のところへ。

「わたしの置かれた状況は実にドラマチックなものでした。おわかりですか。地球の運命が、あの海辺の小さな家で――あれはわたしの友だちの医者が貸してくれたものです――決まるかもしれなかったのです。わたしたちはウラニウムの核分裂が実現したこと、いくつかのチームですでに連鎖反応の研究が進んでいることを知っていました。とくにフランスではジョリオ＝キュリーを中心に研究がさかんでした」

「ドイツもですか」

「さあどうでしょう。さっきも言いましたが、はっきりとはわかりませんでした。でもニールス・ボーアはそう思っていました。彼はとても、とても心配していました」

「彼のことを話していただけますか」

「今ですか」

「あとでも」

「ああ、彼のことは大好きでした。こう言うとマゾヒストだと言われますがね。だってあの男にはいつも攻撃されていたのですから。でも好きだというのは本当です。ニールスはデンマークの物理学者で、コペンハーゲン学派のリーダーでした。わたしにとってはだれより手ごわい相手でした。こちらへいらっしゃい。彼の話になったのだから、ちょっと本題をはずれてもいいでしょう……」

彼は数歩進むと別のドアをあける。ドアの向こうには、六十歳くらいの髪の短い痩《や》せた男が肘掛け椅子に身を沈めている。上半身が短くて細いところを見ると、背は高くなさそうだ。自分の考えに完全に埋没しているように見える。アインシュタインが心を込めて挨拶をし、ドイツ語で話しかけるが、ニールス・ボーアは答えない。アインシュタインが目に入ったかどうか、その声が聞こえたかどうかもわからない。身じろぎもしない。その姿はほとんど幽霊のよう、亡霊博物館の『考える人』といった風情だ。

アインシュタインは微笑んで言う。

「こういうことはよくあるのですよ。大きな歯をした夢想家です」

「何を夢想しているんでしょう」

「どういうふうにしたらわたしに反論できるかを」

「それでも彼が好きだったんですか」

「愛していたといってもいいくらいです。とくに初めのうち、彼がまだ独断的にならなかった頃は。とても感じやすい子どものような人で、いつも一種のトランス状態にありました。彼にまつわる話はたくさんあります。たとえば海岸で、海を前にして体操をはじめ、腕を伸ばしたらそのまま動かなくなって、一時間も二時間も、自分の考えに釘付けになって微動だにしなかった、とか。この種のことはわたしも理解できますがね」

彼は一瞬情愛を込めてボーアに目をやると、若い女性の腕をとり、さあ、邪魔にならないように、と身ぶりで示しながら彼女をつれていく。

二人はそのドアから離れ、ロングアイランドが見えるドアの方に戻る。アインシュタインはまたボーアの話をする。

「彼はたいてい話が下手でした。話しているとセンテンスが混乱して、とても長くなり、こんがらがってくるのです。それを途中で切って、またやり直すというふうでした。あるとき、だれかがこう言ったそうです。『もう少し上手にしゃべる努力をしたらどうだい！　そうしたらもう少しよくわかるんだがね！』このとき彼が何と答えたか、ご存じですか」

「いいえ、全然」

「こう言ったのです。『わたしは自分が考えているよりわかりやすくは話さないことにしているんだ』わたしはこの答が大好きでしてね。あなたは？」

「どうして学派のリーダーになれたんですか」

「こんな話もあります」と彼は客の質問に答えずに言う。「あるとき、彼の家に科学ジャーナリストが何人かやってきました。彼が最近どういうことを考え、どういう研究をしているかを聞きに来たのです。彼の息子も——親子ともどもノーベル賞を受賞しています——同席していました。ニールスはジャーナリストたちにむかって何時間も、いつものように考えを手探りしながら話していましたが、日も暮れたので、その部屋なり近くの宿なりで寝るよう提案しました。翌日、全員そろって朝食をとったあと、ニールスは息子に言いました。『すまないが、昨日言ったことを要約してくれないか。』息子は言われたとおり、十五分ばかりにまとめて話しました。ニールスはじっと聞いていて、最後にこう言ったそうです。『簡単、明瞭……そして間違っている』」

アルベルト・アインシュタインの大きな笑い声がここではよく響く。泣いているのか笑っているのかわからないほどだ。

それから笑うのをやめる。質問を思い出したらしい。

「どうして有名になったかって？　そりゃもちろん量子力学に決まっていますよ」

それから疑念を抱いたように、彼はたずねる。

「量子力学はご存じですか」

「少しは」

「わたしが若かった頃、物理学者たちは突然、無限に小さいものを研究しはじめました。まったく新しい研究分野でした。原子。それから素粒子。原子核をつくっている陽子と少し遅れて中性子。そのまわりを踊っている電子、光子、その他もろもろの微粒子。わたしたちは、それまで存在が知られていなかった、見えないものの領域にそっと入っていきました。目のくらむような思いで下へ下へと降りていきました。発見しては不意をつかれ、不意をつかれては驚く、その連続でした。史上初めて、ひとつの世界がまるごと明らかになりました。しかもその世界——物質が空であることを示していたその世界——は、他でもない、わたしたちの世界だったのです。わたしたちが生きている世界、わたしたちを構成しているこの世界です。ところが、一部の人たちはわりに早く気づいたのですが、わたしたちが発見し、少しずつ名前をつけていったそれらの素粒子のふるまいには、何か規則からはずれた、おかしなところ、わたしたちがアノマリと呼ぶものがありました。この観察をもとにハイゼンベルクが、少し後、あの有名な『不確定性原理』を打ち立てたのです。あのレベル、つまりすべての物質、つまりわたしたち自身の中に、確率的要素、還元不可能な未知の要素があるというわけです」

「先生はそれが受け入れられなかったのでしょう？」

「そう言われています。でもそれは間違いです。わたしは量子力学を否定したことはありません。それどころか量子の時代の草創期から、量子力学の誕生に力を貸してきました。量子力学は本当に、他とは比べものにならないほど役に立ってきましたし、今も役に立っています。あなたの腕時計、ポケットコンピューター、その他じつにさまざまな生活用品の中で量子力学は働いています。これがなければ生命も説明できないくらいです」

「生命？　本物の生命ですか」

「もちろん！　だって簡単にいえば量子力学だけが、原子の状態の安定性を説明できるのですから。古典力学では解明できなかったこの安定性――なぜ原子が原子の状態を保てるのかということですが――これがあるおかげで、化学的構造が複製されて生命を生み出すことができるのです」

「生命は古典力学的じゃないってことですか」

「そういう言い方もできます。世界もそうです」

「どういうところでボーアと意見が合わなかったんですか」

「たんに美的センスの違いだといった物理学者もいますし、形而上学的な問題だといった人もいます。また、互いに相手の頭がおかしいと思っている、と言う人たちもいました。これは本物の精神異常にみられる典型的な症状です。じつを言うと、彼は、すらすらと言葉が出てこないにもかかわらず、いや、もしかしたらそのせいで、とても広がりのある概念領域、本当にすばらしい物理学の語彙をもっていました。想像力に富む意味論学者とでも言えばよいでしょうか。言葉の苦労を逆手にとって、いろいろな言いまわしを考え出し、すべてに答えるのです。たとえば彼にこれでどうだというような反論を突きつけると、一晩中、相補性だの矛盾だの偶然性だのといった概念にとり憑かれたようになって、自分自身を相手に抽象的な討論に頭をひねることができました。そして朝、睡眠不足の顔でわたしに言ったものです。『アルベルト、答を見つけたよ』」

「その新しい物理学って、先生がそれが生まれるのを手助けしたんでしょう？　それをあとになって攻撃したんですか」

「たしかにわたしはその誕生を予感しました。その到来が見え、さっそくそこから結論を引き出しました。でも攻撃したとはいえません。一歩一歩議論を進めていった、というのは、それが間違っているとは思わなかったけれど、不完全に思えたからです。そしてたいていの場合、相手はニールスでした。彼は、年をとり、ノーベル賞をもらい、成功するにつれて――もちろん物理学のめざましい進歩はある部分彼のおかげですから、報われて当然ですが――科学者にありがちな欠点がでてきて、権威主義的になり、頑《かたく》なになっていました。数年ですべてを見つけたと思い、物理学はそれより先には行かないと思っていました。このため、彼が足踏みしている、いやそれどころか新しい突破口にも反対しているという人もいたのです。彼は量子の霧に包まれて安穏としているように見えました。すべては彼のいう通りでなければならないかのようでした」

「先生はそうはならなかったんですか」

「はい。少なくとも自分ではそう思っています。もともと凝り固まる方ではありませんでした。日和見主義者とでもいいましょうか。わたしが固執したのは、明快で、わかりやすくて、役に立つ、いくつかの単純な原理でした。科学をするのは世界の秘密を見抜くためであって、わかりにくくするためではないという考え方を貫こうとしたのです。このため一九三〇年代、プリンストンでは、よく老いぼれの愚か者だといわれましたよ」

「それはまたどうして」

「わたしの姿勢が時代遅れに見えたからです。それだけですよ。冒険家として大事にされたあと、わたしは後衛に追いやられました。自分の立場に固執して、新しい概念は何もわかっていないといわれたものです」

「それについては考え直されているみたいですよ」

「知っています。現代の物理学者、少なくともそのうちの何人かが、いわばわたしを復権させてくれました。今では一般相対性理論が星の世界を支配しています。クエーサー、パルサー、ブラックホール、そのほかにも近々検出されるといわれている重力波など、いろいろ新しいものがわたしの理論を固めてくれました。でも当時はたいていの人があの理論、ただ量子論だけが、科学の活動領域を決めることができると思っていたのです。あたかも、わたしたちの知覚がおよばないところで世界が実在しているかどうかは疑わしいとでもいうように。そもそも知覚されないかぎり実在そのものもありえないとでもいうように。見えない世界のレベルで確認された物の激しいゆらぎや、素粒子の不規則なふるまいや、ひとつの素粒子が同時にここにもあそこにもいられる――いわば、ひとつのドアが開いていると同時に閉まってもいられる――ということのために、あらゆる決定論的法則の可能性が消し飛んでしまったとでもいうように。あたかも、世界から堅固さが失われ、偶然なしには何も考えられなくなってしまったかのように」

「全員がその意見だったんですか」

「はい、ほとんど全員です。デンマークのボーアとドイツのハイゼンベルクが音頭をとっていました。彼らはこう言っていました――われわれは感覚でとらえられるものの極限に達した。さらに遠くに行きたければ、方程式の言葉だけが道づれとなる。ここから先は、イメージや感覚的な形象を捨てなければならない。従来の、伝統的なアプローチ、精神による理解を断念し、方程式だけをたよりに航海しなければならない。これが彼らの主張でした。シュレーディンガーのように、ごくわずかな人々だけが、方程式よりもっと向こうに行ける、そこでは別のイメージがわたしたちを待っている、と言っていました。わたしもそう思っていました。というより、そうであってほしいと願っていました。不確定性原理などと呼ばれる新しい法則にいきなり待ちぶせを食うような、そんな土地で迷いたくなかったのです」

「そうやって迷うことの何が気に入らなかったんですか」

「他の人たちは、確率や不確定性原理に熱狂して、しまいにはいろいろ奇妙な現象——『非局在の電子』だの何だの——を取りあげるようになりました。でもわたしは、予測不可能なもの、偶然、きまぐれ、根本的な無秩序——何とでも呼んでください、非合理とでも言いましょうか、とにかくそういうものを受け入れることができなかったし、今でもできません。このことはニールスやほかの人たちに、何度も口で言ったり手紙に書いたりしてきました。わたしは確率論では満足できなかった。彼らが踏み込んだ道は、どんなに魅力的に見えても、出口には通じていないように思えました。たしかに彼らは斬新なアイデアにあふれた大通り——めくるめくような思考と、数々の誘惑に満ちた大通り——にわたしたちを連れていってくれる。でもその先は行き止まりなのではないかという気がしたのです。そこには何かが欠けていました。まだ正体をあらわさない、基本的な何かが」

「世界に何を望んでいるんですか」

「この点については一貫しています。要は何もいらない、ただわたしたちが知ろうとしている世界が秩序立っていてほしい、調和がとれていてほしいと願っているだけです。わたしたちの手の届くものであってほしい、わたしたちの精神で最も奥深いところまで見えるようなものであってほしい。わたしは世界をそんなふうに思い描いているし、もっと正確に言えば、そんなふうに感じているのです。さまざまな浮き沈みのあと、今でも」

「で、ニールス・ボーアはそう思ってなかったんですか」

　アインシュタインは突然元気づく。

「彼だけではない！　皆一つ穴のムジナでした！　コペンハーゲン学派の人たちも、ほかの人たちも、科学は一種の折り返し不能地点にたどり着いたのだといっていました。わたしたちは実在について決定を下すことを断念しなければならない、手の施しようのない無秩序を覚悟しなければならない、一時にすべてを知る――たとえば一粒子の速さと位置を同時に知る――のは不可能であることを受け入れなければならないと！」

「それで先生は、先生の方は秩序が必要だったんですね」

「その種のものがね。『秩序』という言葉は嫌いです。政治的にも社会的にも腹立たしい。それより調和といいましょう。堅固で、複雑だけれども美しいもの。そういうものがなければ、なぜ科学をするのかわからなかったし、今でもわかりません」

「さっきニュートンと話していたとき、修理工としての神を介入させたといって彼を批判していましたよね。でも先生だって、神はサイコロを振らない、なんておっしゃっているじゃありませんか？」

「そんなふうに言った、かもしれませんね、話を簡単にするために。一言一句違わずそう言ったわけではありませんが、集団の記憶というものは何でも省略しますから。言っておきますが、わたしは神さまにしろ、ただの造物職人神《デミウルゴス》にしろ、ピストンやクランクを使って宇宙を動かしているところなんて、想像したこともありません。そんなものはわたしにとっては何の意味もない。わたしたちはもうデカルトのような考えはもっていないのです。デカルトは、神が自然のなかに仕込んでおいた法則を探すのだと言っていました。まるで神がかくれんぼを好むとでもいうように。あるいは学校の先生ででもあるかのように。あるいは主任曹長か、法律家か、探索ゲームの作者ででもあるかのように。わたしはただ物の本性を知りたいだけなのです。まえに、どこか遠くに謎の笛吹きがいて、その人の奏でる音楽がかすかに聞こえる、という話をしたことがありま す。でも、もちろん『笛吹き』という言葉を文字通りに受けとってはいけません。神を人にして笛を吹かせるなんて、そんなとんでもない、ばかげています! それでは巨大な神秘をわたしたちのみじめな、ちっぽけな問題に還元することになる。世界を侮辱することになります。わたしが言いたいのは、物を組織化して完璧な調和にいたるようにする必要をつねに感じてきたということなのです」

「調和、ってだれと何の調和ですか」

「つつましくいきましょう。世界とわたしたちの調和です」

「それでその調和はいつの日か、たった一つの方程式に書かれるんですか」

「たった一つの、すばらしい……宇宙方程式に!」

ここで彼女はいったん話をやめ、しばらく黙って、すべてとその反対物を含むという宇宙方程式、真に決定的なその方程式のイメージ——本当にイメージだろうか——を見つめる。

それからたずねる。

「今でもお仕事をしているのはそのためなんですか」

「それ以上の理由があるでしょうか」

7 ヒロシマ……

「科学は罪を知った」


女子大生は自分から核兵器の話に戻り、アインシュタインにたずねる。

「ニールス・ボーアもやっぱり先生のように、爆弾が使われるかもしれないと心配していましたか」

「それはもう！　わたしたちの中では一番心配していたでしょう。死の力がたった一つの強国の手に握られるかもしれないと思うと、いても立ってもいられなかったようです。ご存じですか、彼、戦争の終わり頃チャーチルに会いに行って、ロシア人に核の秘密を教えるように勧めたのですよ」

「スターリンに!?」

「そうです！　チャーチルはボーアが狂ったと思って部屋から追い出しましたが」

「それでもロシア人は自分たちで爆弾をつくりましたね」

「そのとおり。恐怖もバランスを求めるのですね。ニールスは戦争に勝ったあとも心配していました。今度はアメリカ人ひとりの手に爆弾を残すのが不安だといって。とても気がかりだと言っていました。水爆が作られることも予言して、とてつもない破壊力を問題にし、新しいエネルギーの使用を制限するよう、強国どうしが合意すべきだと考えていました」

二人とも――一人はアメリカで、もう一人はヨーロッパで――この軍事機密は長くは守られないだろうと思っていた。自然という書物はいったん開かれてしまえばだれでも読むことができる、とボーアは言っていた。おまけにスパイというものがいて、それを読むための鍵を――最も多額の金を積んだ者に――提供する。もちろんそのスパイも少しは物理を知らないとね、とアインシュタインなら言うだろう。とにかく、そういうものなのだ。

どうすれば地球の破滅が避けられるのか。問いはただちに立てられた。人類はまだ核時代に入る準備ができていない、とアインシュタインは思っていた。それなのにすべては唐突にやってきた。この呪われた戦争のせいだ。この戦争が研究を急がせたのだ。何が何でも勝たなければならなかったから。さあ、どうする。科学者はいかにふるまうべきか。彼らは突然、まったく期せずして、新しい魔法使いの弟子、皆殺しの天使になってしまった。戦中の今、勝つことしか頭にないアメリカやイギリスの政治家たちに対して、いかに行動し、いかに話をするべきか。

ここから科学と権力の新しい関係がはじまるのだろうか。国家の貴重な人材であると同時に要注意人物となった物理学者は、厳重な警護のもとに美しい庭園を通って、人類を滅ぼすための方法を研究しに行くのだろうか。

科学者は否応なしに時の権力にしたがわなければならないのだろうか。それで良いのだろうか。アインシュタインは若い客に言う。これらの問いはすべて、他の多くの問いとともに、一九三九年から四五年にかけて立てられた。それはまず次のようなあたりまえの問いからはじまった。核兵器を作ることは可能か。作りはじめるべきか。われわれは秘密が守れるか。そしてとくに、もし作るとして、われわれはそれを使ってもよいか、また使うべきか。

若い女性の前にふたたびシラードとウィグナーがあらわれる。大西洋に近い小さな家の中だ。アインシュタインが彼らといっしょにいる。長髪を風になびかせ、手に火の消えたパイプをもっている。シラードが彼に一枚の紙に書かれた文書をさしだす。アインシュタインは静かにそれを読み、考え込み、何か質問するが、わたしたちには聞こえない。

シラードとウィグナーが一度に答える。説得力のあるところを見せようとし、たたみかけるように話す。二人があとで語ったように、アインシュタインはすぐに危険を悟った。そう、二人のドイツの化学者——オットー・ハーンとフリッツ・シュトラスマン——が、ウラニウムに中性子を衝突させてバリウムをつくったのだ。間違いない、原子核分裂の研究は始まっている。核分裂は可能だし、現実に起こったのだ！　その少し前、やはりドイツ人の物理学者ハルテックが戦争省に告げていた。この発見によって、「ふつうの爆弾とは桁違いの破壊力を持つ爆薬」をつくることが可能になったと。軍人にとって何と暗い希望だろう！　ナチス政権のナンバー2であったゲッベルスはこの知らせに大喜びしたという。二人の化学者のうちの一人で、ニールス・ボーアに連絡を試みたことのあるハーンは、自分のつくったバリウムを海に投げて自殺したいと思ったという。チェコスロヴァキアを併合したばかりのドイツは、ウラニウムの輸出を全面的に禁止した。ということはそれを使おうとしているのではないか。

ほかにもウラニウムの産地はあるか。ベルギー領コンゴ。そう、ベルギー領コンゴだ。ベルギーのエリザベート皇太后はアインシュタインとかなり親しい。心のこもった手紙をやりとりしているし、いっしょに音楽を楽しむこともある。早く！　彼から皇太后に知らせてもらえないか、警告してもらえないか。

アインシュタインはまだ考えている。いや、皇太后には書かない。よし、ルーズヴェルトには書こう。事情を知らせて、人類がかつてない道に踏み込んでしまったことを教えよう。手紙――おそらくシラードによって書かれた手紙――は、一九三九年八月二日、アインシュタインによって署名された。文面は短い。そこには、最近の研究から考えて、ウラニウムが「新しい重要なエネルギー源」となる日が近いと思われること、目下、連鎖反応の研究が進んでいることが記されている。これが実現すれば桁外れの爆弾を作ることが可能になる。それがたとえば港で爆発すれば「それだけで港も周辺地域も、いっぺんに吹き飛んでしまう」に違いないと……。

手紙が投函されてから数ヶ月後（その間にドイツ軍がポーランドに侵攻し、ヨーロッパで宣戦が布告された）、ロスアラモスの砂漠でついに「マンハッタン計画」が動き出した。

一九四四年七月十六日、最初の「原子爆弾」がニューメキシコ州の砂漠の上空で爆発する。このとき、計画を統率していたオッペンハイマーは『バガヴァッド・ギーター』の一節を引用して「われは死なり、世界の破壊者なり」と言ったという。平和を回復しようと地上に降りたクリシュナが、人間どうしの大戦争におびやかされた生命を救うためになしえたことは、運命の公式を現実的な形にすることだけだった。少し後、オッペンハイマーは、やはり宗教的な響きのある次のような文句を口にしている。「科学は罪を知った」。彼の告白だった。

アインシュタインは二人の友のそばを離れ、海辺の家から若い女性のほうへやって来る。後ろ手にドアを閉めたまま、物思いに沈んでいるようだ。頭をふって髪に残っていたわずかな砂を落とす。彼女がたずねる。

「そしてヒロシマがあったんですね」

「はい。その翌年に。ドイツ人のために準備された爆弾はけっきょく日本人の上に落とされました。信じてもらえないでしょうが、わたしはラジオでそれを知ったのです。ほかの人と同じように」

「悪いことだと思いました？」

「『何ということを……』とか、何かそんなことを言ったようです」

彼はしばらく黙りこむ。あの日のことを思い出しているのだろうか。世界の歴史が切り替わってしまったあの日のことを……。おそらく彼は、今のような状況にあっても、この思い出を何度も反芻しているのだろう。呪われた思い出。人類の歴史において、彼は未来永劫、全滅兵器の父と呼ばれるのだ。平和を夢み、諸民族の融和と愛を夢みていた彼が。

もし、一九〇五年のインスピレーションがなく、物質の中にエネルギーが潜んでいるというヴィジョンが突然彼を見舞わなかったら、ヒロシマは破壊されずにすんだだろうか。あのとき人類の歴史は、たった一度しか通らない藪の中の道を通った。原因と、偶然と、結果がもつれ絡みあっているあの藪の中に今から戻ることはできない。

たとえ一九〇五年のインスピレーションがなくても、きっともう少し後で、だれか別の人の頭に同じ考えが浮かんだだろう。それはほとんど確かだといってよい。物質が暴力的に自殺するという事実は、発見の道にはずっと前から記されており、時がきてだれかが見つけてくれるのを辛抱強く待っていたのだ。しかしその道がベルンからヒロシマへと通じ、その途中にドイツの敗北があり、ヴェルサイユ条約があり、一九二九年の株価大暴落があり、ユダヤ人迫害があり、アインシュタインのアメリカ合衆国への追放があり、真珠湾攻撃があり、ルーズヴェルトの死があり、トルーマンの決断があろうとは……。歴史の筋書きが違っていたら、ひょっとしてヒロシマの町は標的にされずにすんだのではないだろうか。

罪は永遠に背負うものか

次のような問題も考えられる。さまざまな行動の責任は、その行動が現実のものであれ架空のものであれ、この世の終わりまで負い続けるべきか。自分の罪や犯罪は、たとえ悪意から出たものではなくても、何百年も先まで背負っていかなければならないのだろうか。

かつて教会は、異端者の遺骸を掘り出していた。きらびやかな服をまとった司祭が、銀の十字架で武装して、骸骨《がいこつ》に罵声《ばせい》を浴びせ、唾《つば》を吐きかけていた。亡骸《なきがら》は正式に破門され、多くは火炙りにされた。驚くべき習慣だが、ヨーロッパでは十八世紀はじめ頃にも――つまりつい一昨日まで――まだこの習慣が残っていた。マントノン夫人の前にひざまずいたルイ十四世も、死後何年もたって掘り出されたポールロワイヤル修道院の修道士たちの遺骸に、同じような罰をあたえるよう命令している。

あたかも、地中か空中のどこかに、昔のあやまち、古い毒が、どんな生き物よりもしぶとく生き残っているかのように。

若い女性はこうした問題を、さっきからいっしょにいるアインシュタインに適用することもできる。さっきから……って、そういえばいつからだろう。一時間前？　二時間前？　わからない。書斎のドアがひとつ開くたびに、その向こうは昼だったり、夜だったりする。表の通りが見える窓もない。

本当に彼が悪いのだろうか――爆弾製造競争がはじまったのも、原子力潜水艦が海底に潜むようになったのも、もとはといえば彼の責任なのだろうか。アインシュタインをここに住まわせている謎の当局はそう思っているのだろうか。ひょっとするとここは、見かけは上品で優雅だけれど、じつはその昔、罪人たちが永遠をもとめて呻き、むなしく喉を嗄《か》らした地獄《ゲヘナ》の変形版ではないだろうか。

彼女はうっかり地獄の呼び鈴を押してしまったのだろうか。

あらゆることが考えられるのだから、その可能性だってなきにしもあらずだ。アインシュタインはここで、新来のシシュポスとして、飽《あ》かず計算をくり返すことを命じられ、計算してはそれを消され、消されてはまたやり直しているのかもしれない。それにしてもだれが彼をここに連れてきたのだろう。だれが彼を裁き、だれが彼を見張っているのだろう。あるいは単に仏教の輪廻のように、決定者も法も監視者もなく、ただ事実がこうなっているというだけのことなのだろうか。つまり世界は本当はこのように動いているという、その真実のありようが――世界自身はそんなこととは思ってもいないようだが――ここに正確に映し出されているだけなのだろうか。

仕事のタイトルは『アインシュタインの罰』にしてもいい、と彼女は考える。フィクション仕立ての恐ろしい話。だが彼女はすぐにその考えを払いのける。それより、仏教を思いだしたついでに、優しい菩薩のイメージでいくほうがよい――たぐいまれな、とてもすぐれた人物で、転生の鎖から放たれて涅槃《ねはん》に入るにふさわしい資質をもちながら、今なお苦しむ人間たちの間にとどまり、彼らが苦しみから抜けられるように力を貸そうと決めた人のイメージ。

『菩薩アインシュタイン』。そうだ、この方がいい。

ニュートンの「消滅」

彼女はアインシュタインを見つめる。

背がまた丸くなっている。三本の指で顎《あご》をなでている。考えるときによくやるしぐさだ。書斎のドアはすべて閉まっている。室温は変わっていない。彼にたずねるべきことはまだありそうに思えるが、若い女性はそろそろ帰ったほうがいいと思っているかもしれない。いろいろなものを見たし、いろいろ話も聞いた。一見人間にみえるこの人が本当は何なのかはわからないが、ともかく疲れて元気をなくしているようだから、このへんでひとりにしてやった方がよいかもしれない。といっても、あの忠実なヘレン・ドゥカスが——仕事の時間が終わらないかぎり——別の部屋で待機しているわけだけれど。

「じゃあわたしはこれで……」と言って手をさし出す。

「いや、待ってください！　いい考えがある！　行かないで！」

アインシュタインの瞳が輝き、背がしゃんと伸びる。客が手をさし出しているのに気づかず、待合室のドアを開けにいく。

「アイザック！　ちょっと来てくれないか？」

数秒後、ニュートンがあらわれる。手に書類を持ち、あいかわらず不機嫌そうだ。何か言おうとするが、アインシュタインがそれをさえぎってたずねる。

「ひとつだけ聞きたいんだ。納得できたか？」

「いや、あんまり」とニュートン。

「だろうと思った。いいか、書類は全部床に落とせ。そんなものよりずっと良いものがある。きみに見せたい証拠が」

彼はニュートンをひっぱって一つのドアの方に行く。

「何の証拠だ。どんな証拠だ」

「きみが嫌いな公式の証拠だ。物質とエネルギーが同じものだということの証拠だよ。こんなもの、見せないですむならその方がよかったのだが」

「どういう意味だ」

「こっちへ来て」

「どこに連れていく」

「あのドアまで。あの向こうに、きみに見せたいものがある。きみならすぐにわかるはずだ。恐がらないで見てほしい……見てほしい、わたしたちの仕事からいったい何がつくられたかを……」

ドアを開ける。とたんに物凄《ものすご》い突風が部屋のなかに吹き込んだらしく、アインシュタインの髪は逆立ち、ニュートンのかつらは乱れる。無数の紙片が舞い上がったかと思うと横殴《よこなぐ》りの雨のように飛んでいく。若い女性は家具にしがみつく。ニュートンの肖像画は壁から外れて床に落ちる。

黒板は逆さまになり、チョークは床に落ちて粉々になる。

ドアの向こうに、彼らは核爆発とその結果を見る。吹き飛ばされた家屋、焼け焦《こ》げた街、壁に残った人の影。

ニュートンはアインシュタインの後ろに立って、破壊されたヒロシマを見つめる。爆風でかつらが強く揺れ、吹き飛んでしまう。彼は息を呑《の》んで目の前の光景を凝視する。

消え入りそうな彼のつぶやきが聞こえる。

「Oh, my God……」


アインシュタインがふたたびドアをしめる。散らかった書斎で三人とも茫然自失の体だ。ニュートンがあたりを見まわす。取り乱している。口をあけるが何もいえない。散らばった紙を踏みつけ、床に散乱した鉛筆やチョークを踏みつぶす。わけもなく歩きまわり、かがんでかつらを拾い、ふたたび立ち上がり、足でバランスを保てないかのようにふらつく。体から力が抜けてしまったようだ。

目の光が弱くなっている。体はあいかわらず黒いガウンの下に隠れているが、その中でひそかに何かが進行しているようだ。緩慢な解体が起こっているといえばよいだろうか。彼の損傷した肉体から、これまでその本質をなしていた手ごたえのある堅い部分――何とも言いようのない実体――が失われていくとでもいえばよいだろうか。

息をする音もほとんど聞こえない。アインシュタインがたずねる。

「Are you all right?」

答がない。おそらく聞こえなかったのだろう。ニュートンは目の位置まで片手を上げ、それを見つめる。見えているのだろうか。わからない。手は白くなり、真っ白になり、みるみる半透明になり、透きとおってくる。彼はそれを目に近づけ、目に触れようとするが、目からも何かが失われている。瞳の色があせ、ほとんど真っ白だ。二片の雪のような目が、ほとんど透明な手を通して、アインシュタインと若い女性に見える。透きとおった体を通して、書斎の備品、黒板、閉まったドアも見える。

ニュートンは何が起こっているかわかっているのだろうか。まだ意識はあるだろうか。

「さよなら、アイザック」とアインシュタインがよびかける。

ニュートンの猶予期間はヒロシマで完了した。原子核分裂の勝利だ。アイザック・ニュートンはもう動かない。服、かつら、留め金のついた靴とともに消えていく。今、彼は影でしかない。それもしだいに薄くなり、少しずつ宙に溶けていく。そしてついに影も形もなくなる。

8 万物の理論をめぐって

一般相対性理論と量子力学のあいだ

たずねるべきことはまだたくさんある。
たとえば、どの本にも書いてあることだが、万物に達するために乗り越えなければならない最後の困難は、今日宇宙の説明を分担している二つの理論——重力理論（一般相対性理論）と量子力学——を調和させることだという。どちらの理論も有効で、エレガントで、正しい。各々が各々のやり方とレベルで、世界を記述し、説明している。ところが二ついっしょだとうまくいかない。互いに排除しあう。相対性理論の領域に量子力学は入れず、量子力学の領域に相対性理論は入れない。

若い女性からこのことについて質問され、アインシュタインは口が重い。もちろん、問題は承知している。これについては彼も他の人々と同様、長いこと苦しんできた。量子論が不十分だといってボーアを非難したときも、この理論を汚《きたな》い雑巾《ぞうきん》のように投げ返したわけではない。とんでもない。彼は量子論の先駆者の一人なのだ。この理論の曲芸のような鮮やかさ、極微の世界を分析する手つきの細やかさ、新たに打ち立てられたその法則の巧妙さは彼も認めていた。ただそこには弱点もあり、穴もある。そして何より不確定性の概念——手っとり早くいえば偶然の概念——に彼がたえず感じていた、科学そのものに対する危機感があった。

それでも科学の動向には(郵便物を通じて)たえず気をつけているので、今日、さまざまな新理論が出ていることは知っている。その最先端は、ひもや超ひもの理論だ。この理論は、宇宙が四次元ではなく十一次元だといい(一次元の時間と十次元の空間。精神には気の毒だが、慣れてもらうしかない)、ひもだの膜だのブレーンだのといった想像上の——しかし現実によくあてはまる——ものを使って、見えない世界の中にもうひとつの世界を描いてみせる。それは仮想風景のような作られた世界で、結びあわされ、瞬時に変わり、動き、皺《しわ》になり、絡《から》まり、波うち、あるときは開き、あるときは閉じ、またあるときはこれらのすべてが同時に起こる、そんな世界である。

いくつかの研究チームは、これこそ、数年前に幕開けした新しい世紀の現実になるだろう、と予言している。われわれは現実を変える、世界を変えるのだと彼らは言う。相対性理論と量子論という二つの相反する理論は、どちらも新たな真空の複雑なゆらぎに呑み込まれ、そこでやむなく和解するだろう。

真空とは何か。おかしな質問だ。空なのだから「充満の反対」と定義するしかないではないか。

たしかにそうかもしれない。物理学者にいわせると、真空とは物理系のエネルギーが最低の状態をいう。そう。でも物理系は一つではない。だから真空も一つではない。系の数だけ真空がある。そういうものだ。

なぜこんなことを言うかというと、まさにこの真空が問題だからだ。空は無とは異なる。エネルギーを秘めながら震えている。このエネルギーはこれまで莫大だと考えられてきたけれど、最新ニュースによれば信じられないほど小さいらしい。考えられないほど、量にできないほどわずかな、しかし零ではないエネルギー。

なぜそんなに小さいのか。偶然だ、と言う人たちがいるらしい。宇宙の歴史がそのように――たいていは偶然に起こった出来事がつらなることによって――展開してきたからだ、と。でもアインシュタインはそうは考えない。彼は――彼だけではないが――事象を支配するものがこのように小さいのは、ある厳密な法則の必然的な結果であり、その法則が明確に述べられる日がいつかかならずやってくると信じている。期待もしている。

それが最後の法則になるのだろうか。自然という大きな書物はそれを最後に閉じられるのだろうか。

アインシュタインは真空のエネルギーと超ひも理論に少しも反対ではない。たびたび言ってきたように、自分の見方が間違っていたことがわかれば、それを捨てる覚悟はできている。以前にも、静的だと思っていた宇宙がじつは膨張しており、それがむしろ加速していることがわかると、いさぎよく自説を捨てた。死んだ理論にかじりついているといって彼を責めることは誰にもできない。考えに大胆さや創意が足りないといって責めることもできない。高々百年前、時間も空間も絶対的な存在ではないことを宣言し、証明したのは彼なのだ。時間と空間は時空に置きかえられた。時空はその便利さが広くみとめられ、光速のように絶対だ。そして今度はその時空が押し広げられ、豊かにさえなるという。なぜならひも理論もやはり相対論のように昔の概念を投げ捨て、各々の力がそれぞれ一つの曲がった次元に対応するといい、空間の次元を増やし、点粒子をお払い箱にするからだ。

物質の勝利。それも、近づくことも触ることもできない極微の世界においてもなお見ることのできない、さらにさらに小さな世界の勝利である。

「アインシュタイン先生、先生のお考えは?」

彼は何も言わない。世界を分担してきた二つの理論が超ひもによって和解するなら、それはそれで結構なことだ。光のときもそうだった。光は波でもあり粒子でもある。そんなことはとうてい受け入れられないように思えたが、それでも電球は役目を果たしている。とにかく、世界が言葉に尽くせないものであっても、科学には世界を語らせなければならない。論理を脇に置くことができなければならない。論理などというものはしょせん話すための月並みな方便でしかないのだ。人間が決めた約束事であって、事物に通用するとはかぎらない。

単なる言葉の問題、かもしれない。いずれにせよ、明白な証拠にはコメントはいらない。

ヒッグス粒子、スージー

ひもや超ひものほかにもうひとり、見えない世界の檜舞台に登場が待たれている役者がいる。一九六〇年代の終わり頃、ピーター・ヒッグスというスコットランド人が、純粋に理論的な理由から、だれも観測したことのない物質粒子――「ヒッグス粒子」あるいは「ヒッグス・ボソン」とよばれる未知の粒子――を考えだした。宇宙にまたひとつ幽霊がつけ加わったのだ。微小なわりに重いといわれるこの役者、いつかだれかがその痕跡を発見できれば（二〇〇七年に始動が予定されているCERN〔欧州素粒子研究所〕の巨大加速器が期待されている）、いまだにばらばらでときには対立することもある四つの力の統一に寄与するとも言われている。ヒッグス粒子が見つかれば、いわゆる「標準模型」の最後のピースが埋まり、素粒子王国の調和と整合性が保証されるという。

ヒッグス粒子だって？　もちろん、アインシュタインも噂には聞いている。そして皆と同じように、それが早く姿を現してくれればいいと思っている。ときには、この問題があるから自分も――少なくとも二〇〇七年までは――ここでこうしていられるのではないかと思うくらいだ。

だがヒッグス粒子は世界解明の鍵ではないと言う人たちもいる。鍵は標準模型を超えたスージーの方にある、と彼らは言う。それを探しに行かなければならない。スージー（Susy）とは超対称性（supersymmetry）の愛情をこめた呼び方で、すべての素粒子とすべてのエネルギーを生み出す数学的な演算であり、超ひもにいたるためになくてはならない踏み台だ。ヒッグス粒子とスージー。今ではこの二つがほとんどパスワードのようになっている。

「すみません」と若い女性がいう。「標準模型って何ですか」

「量子力学の夢から出てきたものです。四つの力のうち、電磁力と弱い核力を統一したもの。まもなく強い力も統一されるでしょう。そこから長い道のりがはじまります」

「スージーは?」

「スージーは、皆が熱望している標準模型と重力の統一、つまり四つの力の統一に向けた大きな一歩です。まえにお話ししましたが、ボース粒子はとても協調性があるのに、フェルミ粒子はそうではありません。この二種類の粒子は、これまではまったく別々のものとして、完全に遮断された引き出しのあちら側とこちら側に分類されてきました。ところがスージーがあれば、それらが統一できるといいます。なぜならスージーがあると、フェルミ粒子に対応するボース粒子と、ボース粒子に対応するフェルミ粒子の存在が導かれるからです。最後の最後までどうしようもなく別々のものはない。だから希望がもてるのです」

今話題の超ひも理論は、もしかしたら皆が探し求めている聖杯、白鯨モービィ・ディック、聖鳥シームルグ、約束の土地、ニルヴァーナになるかもしれない、とアインシュタインは言う。四つの力を統一するのにうってつけのような気がするのだ。もちろんすべては概念上の話で、理論の域を出ないけれど。今のところ、実際的な応用はまったく考えられていない。スージーを確かめるための実験は準備されているが、超ひものほうは何もない。期待できることといえば、仮説と計算によって勝利をおさめることだけだ。物質にむかって、物質以外のものであってくれと頼むことはできないが、ときにはそれを夢みたっていい。

けれども別のとき、彼はほとんど憂鬱な気持ちで自分自身をふり返り、超ひも理論を含むいくつかの物理理論はまるで叶《かな》わぬ夢のようだと思う。それらは見えない世界の魔術を一挙に現実に呼び込みたいと願う物理学者の実現不可能な夢ではないだろうか。

しかし彼自身、二十五歳か二十六歳で湾曲した空間を思い描き、頭の中で星を動かしていた頃は、夢に埋没していたのではなかったか。そしてその夢を、辛抱強いイギリス人が、日蝕の力を借りて、現実のものにしたのではなかったか。

EPRパラドックス

それからもうひとつ、まえから尋ねたかったことがある。先の問題と関係があり、それよりははるかに重要な問題だ。宇宙は一つだけなのか、それとも複数存在するのか。

リアリストを自認する物理学者たちによれば——つまり量子力学の方程式を真に受け、非情な純粋理論にしたがい（その正しさはしばしば実験によって裏づけられている）、人間の良識だの日常生活だのを意に介さず、冷たく客観的に、科学に宇宙を語らせる人々によれば——宇宙は複数あるという。わたしたちは無数にある宇宙の中のほんの一握りの実在にすぎないという。

また、宇宙理論に忠実な人々、宇宙のインフレーションと量子論的真空を熱烈に支持する人々によれば、わたしたちは泡立つシャンパンの中、たえまなく新しい泡が形成される沸騰状態の中にいるという。どう見てもこの状況には反駁できない、そうなっているのだから、と彼らは言う。理論がそれを示しているのだから。観測されなくても複数の宇宙は存在する。わたしたちはそれを受け入れなければならない、と。

わたしたちの観ているこの宇宙はとほうもなく大きい（見かけの直径が二百八十億光年もある）。しかしわたしたちの目にどんなに巨大に映ろうとも、無数にある宇宙のうちの一つにすぎない。他の宇宙はわたしたちには隠され、もしかしたら遠のきつつあり、すぐに手が届くところにはないかもしれないが、それでもちゃんと存在するのだ。このように言う物理学者を「リアリスト」あるいは「新リアリスト」と呼ぼう。

この対極にあるのが新イデアリストたちだ。彼らは（奇妙なことに）「実証主義者」とも呼ばれている。彼らによれば、知らないことは主張できない、物が本当に存在するのは――実在の名に値するのは――それが観測されたときだけだ。リアリストが仮定している無数の宇宙、裏の宇宙は、定義からして観測不可能であり、したがって真の意味では存在しない。この意味で、存在するとは他とともにあること、他と関係をもっていること、他から知覚されることだといってよい。科学的存在というからには、いや、単なる存在であっても、観測するものとされるものの間に密接な結びつきがなければならない。互いに相手に働きかけることができなければならない。

これは昔、アジアの神秘家たちが唱え、最近では量子力学の方程式にあらわされた、とても古い見解だ。

複数の宇宙を話題にして何が悪いのだろう。昔から多くの詩人がそうしてきた。だがそれは詩的というよりは精神病的ではないだろうか。手綱の切れた想像力、妄想や幻想に近いのではないだろうか。とんでもない、とリアリストたちは反論する。ケアが必要なのはきみたちの方だ。自分なしに科学はないと言い張るきみたちの脳こそ問題だ。きみたちの脳が狂っているのだ。

「予想はしていました」とアインシュタインがいう。「さっき言ったとおりです。かつて受け入れられなかったわたしの考えは、いつかガラクタになる日が来るのです。わたしがあれほど望みをかけた統一場理論、わたしの白鯨にも等しかった統一場理論も、しまいにはノミの市に出されるのです」

「ちょっといいですか」と、もう少しここにいることにした若い女性が言う。「わたし、まだ二十五歳になってないんです。現代の思想の動きに何とかついていきたいと思ってます。自分がどういう世界に生きているのか知りたいんです。そのうち子どもを産むかもしれませんし……」

「ごもっともです」

「でも、先生たち物理学者の話って、ときどき、こんなふうに言っているように聞こえるんですけど。つまり、マクロなものは存在する、たとえば先生とわたし――というか、とにかくわたし――は存在する、それから馬とか、惑星とか、星とか、そういうものは存在する、でもそういう目に見えるもの、わたしたちとともにこの宇宙の一員をなしているものは、すべて目に見えない小さいものでできていて、その小さいものは存在しない。存在しないというのは、局在しないという意味ですけど。つまり、今、ここにある、というふうには言えないと」

「はい、だいたいそういうことです」とアインシュタインは疲れたような微笑みを浮かべる。

「それって無茶苦茶じゃないですか」

「そのとおりです。わたしはいつもそう言ってきました。今でもそう思っています。たしかにそこが弱味です。そこまで来るとわたしたちの考えはストップして、それより先に進めません」

「でもどちらの主張も正しいんでしょう？」

「主張ではなく、確認事項です。主張と確認事項は違います。何かを主張すれば、それに反対する人はかならず出てきます。でも確認事項に反対するのはそれより難しい。反対するには何かを確認していなければならないからです。この場合もそれにあたります」

「で？」

「けっきょくすべては何を真実と呼ぶかにかかっているのではないかと思います。真実という言葉がかんたんに定義できるかどうかはわかりませんが。わたしが学生の頃、哲学の授業でよく出された作文のテーマにこういうのがありました。真実は嘘の反対か、それとも間違いの反対か」

「先生は何て答えたんですか」

「同級生の記憶が正しければ」とアインシュタインは最後の笑いとともに言う。「真実の反対は真実である」

短い沈黙ののち、若い女性は何だかわけがわからなくなってしまったと言う。

「わたしも同じですよ」とアインシュタインが言う。「わたしは期待しているのです。晩年、わたしはあまり何度も同じことを言われたせいで、自分が間違っていたことを認めました。でも今ではそれほど確信はありません。おかしなものです。今ではときおり、あくまでもときおりですが、自分がなぜあんなにしつこく、耄碌《もうろく》したと言われるくらい頑固に——ここでまだ歳を重ねていることが知れたら、何と言われるか！——物理学は実在を表現しなければならない、時空の中の実在を表現しなければならない、それ以外の実在を考えることはできないのだから、と言い続けたのか、そのわけがわかるのです。それでわたしはかすかな希望をもって自分に言い聞かせます。ここで仕事を続けさせてもらっているということは、わたしも完全に間違っていたわけではなかったのではないか、わたしは幻を追い求めているのではなく、行く手には何か手ごたえのあるものが待っているのではないかと……。物理学が実在をあらわすことをやめたら、何の役に立つでしょうか」

二人の話は、量子論の信奉者が大事にしている非局在性にもどってくる。ものは知覚されてはじめて実在する。知覚するためには知覚されるものに働きかけなければならない。確かに、あるレベルではそれでうまくいく、とアインシュタインはくり返す。それは正しい。実際そうなっている。でも、それはすべてが——わたしたちの身体も、いや宇宙でさえも！——量子論的であることを意味する。それが問題なのだ。だってわたしたちの感覚、わたしたちの理性は大声でその反対を訴えているのだから。同じ科学である地質学でも、生物学でも、天体物理学でも、日常生活でも、いたるところで物はばらばらに存在する。時間と空間が（時空が、といってもよい）それらの間を隔てるのだ。そうでなければ出来事はありえない。関係も、歴史もありえない。わたしたちはそういうふうに物を見ているし、見ることができる。二つの物体の間に重力がはたらくためには、それらの物体は分離していなければならない。当然ではないか！　そうでなければ話にならないではないか。

そこで若い女性はアインシュタインの頭文字からはじまる古いＥＰＲパラドックス（ＰとＲはポドルスキーとローゼン）と、後に物理学者のアラン・アスペがおこなった決定的な実験、そして他の専門家による研究についてほのめかす。一度相関関係にあった二つの粒子は、宇宙の中でどんなに遠く引き離されても、どんなに時間がたっても、相手の情報を瞬時に受けとるという。時間にも空間にも影響されず、そんなものどこ吹く風というように。あたかもそれらが時間と空間を支配している――時間と空間をなしている？――かのように。非局在的な影響が光よりも速く働いているかのように。これについてアインシュタインはどういう意見をもっているのか。

彼は肩をすくめ、二、三歩あるき、興奮し、頭をふってこう言う。だいぶ昔、自分は二人の物理学者とともに、そういう思いもよらない非現実的なことが、量子力学の論理的結論として導かれることを（今まさに彼女が言ったＥＰＲパラドックスの中で）指摘した。そもそも、それの非現実性を強調するために「パラドックス（逆説）」と名づけたのだ。科学は逆説的であってもよいのだろうか。身体の感覚と精神の論理に反して進んでもよいのだろうか。

　突然、彼は若い女性にたずねる。

「もし問いの立て方が悪かったのだとしたら？」

「だれが立てるんですか」

「もし言葉の問題にすぎなかったとしたら？　ボーアがいうようにこちらの時空とあちらのエネルギー保存が両立せず、それがじつは言葉の問題でしかなかったとしたら？……あのね、どうしてそうなのかわたしにはちゃんと言えないし、満足のいく答を見つける時間もなくなってきているような気がするのですが、それでもやはりあきらめきれないのです。わかりますか？　説明を拒否するということができない。そう。仕事を放棄して、あるレベルを超えると世界は本当に説明不可能で、まったく支離滅裂で、根本的に逆説的だから、理由も仕組みもわかりっこないなんて、とても言う気になれません。そんなことは口が裂けても言えない。あなたはここに入ってきたとき言いましたね、説明してくださいって。覚えていますか？　それでわたしは、説明ほど難しいことはない、と答えました。どうしてそうなのか、今ならわかりますか？　説明を断念しなければならない理由を説明しなければならないからです。そんなこと、絶対するもんですか！　それではわたしの人生は何だったんだということになる。さんざん褒《ほ》められ、もてはやされ、賞をもらい、祝ってもらい、最高の栄誉に輝いたあげく、いよいよ最期が近づくと、もう一度舌を出してうやうやしくお辞儀をしながら、えー皆さま、わたしは何のお役にも立ちませんでした、無知の泥をはね返しながら歩いていただけでございます、皆さまには何と申し上げてよいやらわかりません、と挨拶して、からっぽの頭で出口に向かえというんですか？」

彼は椅子にすわると両手で頭を抱える。

若い女性は、うまく入り込みはしたが、いつ、どうやって出られるのかわからない時空の中で、もう間違ったりしない。彼女は真の問題の核心にいる。大事なことはけっきょく自分と世界との関係、この世界が実在するというそのことなのだ。懐疑主義にとり憑《つ》かれた人たちや幻想の使徒たちは、この世界が実在するかどうかは定かではないと言う。わたしは転んで石につまずき、膝をすりむいた。傷口は痛むし、血も見える。でも、つまずいたのはこの石ではないかもしれない、別の宇宙では別の石かもしれず、木ぎれか、藁束《わらたば》か、蟻塚かもしれない。あるいはそのどれでもなく、何もなかったかもしれない。そこでわたしはたずねる。この痛みはどこから来るの？人々は答える。どの痛みだね？

アインシュタインはそちら側にはいない。自分でもそう言っている。ほとんどの科学者は、遊びか挑発でないかぎり、幻想を枠組みとすることには反対だ。物を研究する人々は、自分が幽霊を相手にしているとは思いたくない。

彼らはパルメニデスの側にいる。実在するものは実在し、実在しないものは実在しない。実在するもの以外に実在するものはない。

若い女性がしりぞけるもうひとつのもの、それは、宇宙が最終的にはわたしたち人間に知られるために創造あるいは設置されたという「人間中心」の考えだ。あきれるほど思い上がった考えで、あまりのばかばかしさに、口にする前に葬り去られるように思われるけれど、もちろん、世界が実在しないという先の仮説に戻る場合は別だ。そう考える人たちは、わたしたちをとり巻く幻がこれほど精緻に織られているのは、たんに目を欺くためだ、などと言う。でもいったい何のために？　わたしたちを操る悪賢いデミウルゴスたちの気晴らしにすぎないと？　それならだれがデミウルゴスたちを創造して、いたずら好きにさせた？　だれがそういうことに取り組んでいる？　この巨大な操り人形工場ができるまでに無数の年月がかかったのはなぜ？　わたしたちは何も知りはしないのだ。

彼女は笑いながら、でこぼこ道にできた水たまりの話をする。雨が降った。水たまりができた。水たまりは突然理性をあたえられ、まわりの土を探って叫ぶ。何と見事な一致だろう！　わたしと、道にできたこのくぼみは、形も大きさもぴったり同じだ！　ということは、わたしはこの道の、この場所にいるようにつくられたのだ。そうに違いない。でなかったら、わたしなんかが何の役に立とう？

この水たまりのような精神をもっている人たちもいる、と彼女は言う。

こう考えましょう、と彼女はアインシュタインにむかって、ここに来たときから漂わせていた気楽な、リラックスした雰囲気で言う。神話じみた考えや芝居がかった考えはやめて、世界はわたしたちの手の届くところにある、と考えましょう。世界はいずれにしても存在する、とにかく（パルメニデスが言ったように）「実在するものは実在する」、そして世界は数学の言葉で書かれていて、わたしたちはそれをくわしく調べ、そこから定数や法則を引き出すだけではなく、世界が何からできていて、どのように変化して、何十億年後かにどのように解体していくかを、理論を使って予測できる、そう考えましょう。

気がついたのだけれど——と彼女は言う（前にも言ったが、もう一度そこに戻る）——世界が人間の計算に合っていること、人間の頭脳にしたがうことに驚いたり、仰天したりする科学者はたくさんいる。なかにはそれにとまどい、わたしたちが周囲のものを理解できることが不可解だと言う人もいる（アインシュタイン？）。

でもアリを見てみれば——と彼女は（頭の中で水たまりを跳び越えて）考え、口に出す——アリは完璧な社会をつくって暮らし、聞くところによれば、一匹一匹のアリが、蟻塚という名の集団脳で神経細胞のような役割を果たしている（つまりアリどうしが物凄い速さでさまざまな情報をやりとりし、それがアリたちの仕事に影響をおよぼす）というけれど、だからといってわたしたちは、アリがそのうち世界はアリのためにできている、アリに合うようにつくられている、アリが世界の支配者だ、なんて考えるようになるとは思わない。それどころか、アリはそもそも考えたりしないと思っている。

もし——と彼女は続ける——人間の知性よりも遥かに広くて、大きくて、複雑で、想像力に富み、柔軟な知性、アリと人間の違いなんて無視できるほど、人間とかけ離れたスーパーインテリジェンスをもつ者がいるとすれば、そういう者が、世界は人間に理解されるためにつくられている、なんて独り言を（たとえ独り言をいう必要があるとしても）言うわけがない。

とてつもなく大きなものから見ればアリとゾウの大きさに違いはないのと同じで、スーパーインテリジェンスから見れば、人間が世界を理解する仕方とアリが世界を理解する仕方はほとんど変わらないはずだ。脳は脳だというので、どちらも同じカゴに振り分けられてしまうに違いない。たしかに、人間がアリに対してするように人間をじっくり観察すれば、未熟な技術を磨いて自分たちだけがすばらしいと思う芸術品をつくっていることがわかるだろう。それでも人間は、今言ったスーパーインテリジェンス（わたしたちがそれほどの知を手にすることは決してないだろう）とくらべれば、新参のかよわいひとつの亜種にすぎない。たえず危険にさらされ、時間にも空間にも驚くほど制限されている上に、あまりにも傲岸《ごうがん》な自己中心主義に毒されているので、それだけでも人間が無知で、見栄っぱりで、無能なことがよくわかる。

宇宙の塵に等しい人間の考えることは、どうしても自分自身の枠を出ない。アリはアリのレベルで考え、人間は人間のレベルで考える。人間は人間の枠内で判断基準をもうけ、検証法を定め、そうして、自分たちがつくった基準や作法にぴったり合うものが見えたといって驚いている。

若い女性はさらに言う。人間の思考のよりどころは人間の思考しかない。人間の思考がこの宇宙でいくら法則を発見し、検証しても、それらの法則が絶対的な存在であるという保証はないし、仮にわたしたちの外に存在するとしても、正しいとはかぎらない。それらはわたしたち自身の影でしかなく、わたしたちにとって正しいにすぎない。多世界論を支持するリアリストたちが言うように、宇宙とはわたしたちが観測し、解析しているものではない可能性さえ考えられ、そこまで言わなくても、宇宙はわたしたちの宇宙だけではないかもしれない。

別バージョンの宇宙で、別の理論、別の数学的推論、別の検証実験を試みることはできるかもしれないけれど、たとえできたとしても、おそらくあちこちに落とし穴があり、わたしたちは道に迷ってしまうだろう。

どんな思考もそれぞれ自分の牢獄をつくりだし、自分のやり方で脱獄する。または脱獄した気になる。なぜならわたしたちはトンネルを掘りながら看守にそれを教えるからだ。問いを立てたその声が答をあたえる。宗教的な思索も（これは最初からドグマに動きを止められていた）、大胆な哲学の冒険も、精緻を極めた（とわたしたちには見える）検証技術も、わたしたちが垣間見る幻の世界も、どれひとつとして人間を超えたものはない。それもそのはずだ。わたしたちの証明はわたしたちにしか価値がないのだから。たぶんわたしたち以外のだれもそれに関心を抱いたりはしないだろう。仮に興味を持つとしても、ほんの一部にだけだと思う。わたしたちはどんなに感覚を研ぎ澄まし、筋道立てて考え、想像力を駆使しても、自分自身の環《わ》を抜け出すことはできないのだ。

一九九〇年代、神経生物学者のなかに人間の脳を「宇宙で最も複雑なもの」と定義した人たちがいた。彼らは宇宙について何を知っていたのだろう。この尊大な文句にあらわれているのは、脳が自分自身を定義するということ、そして自分の栄光を高らかに歌い、うぬぼれが強いというそのことによって、自分の価値を下げていることにも気づいていないという事実だ。

この強いうぬぼれはどこから来るのかしら、と彼女は大きな声を出す。やっぱり、人間が地球を特別な目で見て、世界の中心にすえていた頃の古い信念から来るのかしら。つまり、人間は創造の大傑作で、神の手で、神——といってもただの超人だけれど——に似せてつくられた、だから人間の考えることは本質的に神聖で、すぐれており、この思考力ゆえに人間は他のどの生物よりも高等なのだという固い信念。今日の科学者にも、こうした古い思い込みが一部残っているのではないかしら。

「それは大いにありえます」とアインシュタインが言う。「科学者だって他の人たちと変わりませんから」

「これもやっぱり自分の尻尾を嚙んでいる考え方ですか」

「やっぱりそうです」とアインシュタイン。「たぶん。自分ではまっすぐ進んでいたつもりでも実は閉じた環にすぎないのです」

人類の歴史が始まってこの方、いったいどれだけの人が、自分の結論を「原理」と名づけて出発点にすえたことだろう。リストに書き出せば長くなるはずだ。たとえば十七世紀のカトリック司教、ボシュエは、聖書をよりどころとするプロテスタントの主張が、まさにその聖書と矛盾していることを「証明」し、それでプロテスタントが論破できたと考えた。今では聖書を書いたのが人間であることを疑う人はいない。でも当時は、ボシュエにとってもプロテスタントにとっても、聖書は永遠に啓示され、その光で世界を照らし続ける、決して変質しない水晶のような真実だったのだ。ただボシュエの論証には一つだけ弱点があった。つまりこの聖書という真実が、時とともに、多くの人の手で引っ張られた古い布のように裂けてしまったのだ。聖書は、聖書をよりどころとするすべての人にとって同じものではなくなった。そしてこれによって聖書が真実ではなかったことが証明されてしまったのだ。

アインシュタインは微笑みを浮かべて彼女の言葉に耳を傾け、ときおり、はいはい、わかっていますよ、とでも言いたげに両手を上げる。わかっていますよ、前にも言われました、何度も言われましたよ、それでも……

それでも誘惑は強い。おそらく他のだれよりも彼にとって、この誘惑は強いにちがいない。頭脳を使って世界の最奥に分け入り、渦巻く思索の中であんなに思いがけない、豊かな方程式をつくりあげ、解決がすぐそこに、神経細胞の届くところに迫っていることを感じ、滅多にゆるされない猶予期間をあたえられた彼が、あげくの果てに両手で頭を抱え、どちらに向かえばよいのかわからなくなったと言う。正しいと思っていたことが間違っていた。間違ったと思っていたことが正しかった。でも、正しいとか間違っているとかいうのがそんなに大事なことだろうか。そんな言葉に意味があるのだろうか。世界は正しいと同時に間違っているのではないだろうか。これらの概念——真と偽、これとあれ——そのものをお蔵入りにすべきではないだろうか。

彼の動揺を察したのだろう、彼女がたずねる。

「例の決定的な宇宙方程式、あれが完成したら先生は何をしますか？　このままここにいて天井のハエでも見てますか？」

「あいにくここにはハエはいません。残念ながら。ハエは飛べるし、背中を下にして天井を歩いて、世界を複眼で見ている。わたしたちにはできないことばかりです」

「でもハエは、考える愉しみは知らないでしょう」

「冗談いっちゃいけません。ハエはハエが知るべきことをすべて知っています。でもわたしたちはそうではない。それにハエも愉しみを知っているかもしれない、わたしたちのとは違いますがね。でもわたしたちと同じように、ハエにもハエの限界があるでしょう。わたしたちのとは違う限界が。たとえばわたしは、自分が知らないということを知っています。ハエのほうは、自分が知らないということを知りません」

ただ、と彼はつけ加える。ハエも彼と同じように、あるいはサイ、あるいは海、あるいは遠くの星と同じように、一瞬一瞬、前に話した謎の笛吹きの奏でる音楽——その楽譜を彼はどんなに解読したいと思っていることか！——に従っている。

彼は天井のハエを探そうとでもするように目を上げる。ハエはいない。他の生命体の姿は見えない。

「何をするかって？」と天井を見つめたまま彼は言う。「そういうことは考えません。たぶん、仕事が完成したら、ここに置いてもらえなくなるでしょう。それに何を探すんです？　何を言うために？　完全なる知は言葉の終わりでもある。言葉のゼロ地点、つまりもう何も言うことがなくなるわけです」

「どこに行きますか」

「ああ、どこかに行くでしょう、漂っているこの世界のどこか。だれからも見られないところに。まだ見る人がいるとしてですが。わたしたちが『どこでもないところ』と呼んでいる場所に行くんじゃないかな。ひとりでいるとき、わたしはよく言ってみるのです。どこでもない、ところ。神秘的な表現です。これは空間にかんする表現ですが、時間にかんする『いつも』とか『決して』と同じくらい奇妙な言い方です。場所のない場所。驚くべき概念だ……」

「そのどこでもないところに、時間はまだ存在するでしょうか」と彼女がたずねる。

「時間も時空もないでしょう。恐いです」

「そう言われているだけかもしれませんよ」

「行ってみなければわかりません」

その完全な理論、世界の理論、万物の（ただし、どこでもないところは除く）理論というのは、非の打ち所がないのだろうか。もちろんだ、と彼は言う。そうでなければ完全とはいえないだろう。でも完成する前にあらゆるふるいにかけなければならない。そしてふるいは無数にある。科学、少なくとも物理の研究は、それが完成したときにストップするのだろうか。いやいや、とアインシュタインは答える。その反対だ。万物の方程式がそれにふさわしい台座に置かれ、わたしたち全員がそれを誉め称えるとき、仕事はそれまでになく増えるだろう。解析や計算をすべてもう一度やり直さなければならない。また別の扉がひらき、別の次元、別の分野がひらけるだろう。無知の信奉者だけが、もうこれで十分だと思ってしまう。何も知らなければ、永遠に何も知らない。でも知ればかならずわからないことが出てくる。これは良く知られた事実なのだ。

「万物の知識でもですか?」

「万物の知識だからこそ」と彼は言う。

「どうしてですか」

「まず『万物』という言葉について合意しなければならないでしょう?」

「万物って、何ですか」

「さあ、何でしょうね」

9、永遠の旅路

若い女性はテープレコーダーの電源を切り、ショルダーバッグに入れて帰り支度をする。機械的に時計を見る。まだ止まったままだ。

アインシュタインは、科学的なことをすべて単純化せざるをえなかったといって残念がり、来てよかったと思っているかと彼女にたずねる。彼女は礼儀をわきまえている。期待以上だと答え、今度は彼にたずねる。

「先生は？」

「わたし？」

彼はいささか面食らい、少しの間考える。

「少しでも物理に興味をもってもらえたなら良いのですが……この果てしない領域に一歩でも三歩でも踏み込みたいと思ってもらえれば……」

「そういう興味なら、ここに来たときからありました。それがあったから来たんです」

「そうだろうと思いました。だからお通ししたのです」

「重ねてありがとうございます」

「もちろん」と彼は少し足をひきずり、しかしあいかわらず音をたてずに、彼女をドアの方に送りながら言う。「大多数の人のように標語だけで生きていってもよいのです。無知を選ぶという手もあります。この選択は認めるべきです。でなければ尊重すべきです。無知は安心ですからね。すばらしい雨除けです。三つか四つ格言を覚えておけば、この世界でつかの間の人生を生きることはできる。というより、世界の脇をすり抜けて生き、死ぬことはできる」

「単純ではないこの世界の、ですか？」

「そう。単純だなんて、とんでもない。単純でないからこそ、この世界は驚きであり、恐ろしいのです。だから臆病者は身を守る。それにわたしたちだって、他の人より時間をかけて少し深く研究してきたとはいっても、たまたまやって来たあなたのような人に向かっては、けっきょく、自分たちの混乱ぶりや、あやしげな確率や、たがいに矛盾する確認事項などしか語れません。だからあなたはわたしたちを追っ払う。驚くには当たりません」

「わたし、追っ払ってなんかいません」

「ところがそれがすばらしい花の咲きみだれる道なのです！　魔法の旅なのです！　ああ、それがわかってもらえたらなあ！　それこそハッとするような、魂を奪われるような、夢のような旅なんだがなあ！」

彼はまるで彼女がもうこの部屋にはいないような話し方をする。

「遠くもよそもわたしたちの内部にある。そんなこと、だれが思っただろう。こんな旅ができるとは。いたるところでめくるめく思いをし、うっとり我を忘れることさえあろうとは。物について考え、物の見方について考えることになろうとは。わたしたちの中にも勇気の足りなかった者はたくさんいる。冒険に乗り出すことをためらい、後ずさりし、目と心を閉じてしまった者たち。もしかしたらわたしもその一人かもしれないと思ったこともある。ニュートンみたいに自己満足して、自分が開いた宿屋に居座っているのではないだろうか。でも、もしそうだとしたら、さっさと忘れられてしまったはずだ。こんなふうに追い回されないはずだ」

「おいとまする前に、ひとことお願いしたいんですけど。現代物理の課題、最新の流行って何ですか」

「急いで言いましょう。忘れないでください。まず暗黒エネルギー。この不愉快なしろものは何なのか。それから暗黒物質とは何か。四次元を超える時空の次元の大きさと形は？　それから、すべての人の心を悩ませる、宇宙はなぜこのようになっているのか、という問題。なぜ一様なのか。なぜ平坦なのか。宇宙の骨格である銀河はどのように作られたか。インフレーションというか。最初の物凄い爆発によってなのか。なぜ物質は反物質より多いのか。それからゼロ時の問題、ヒッグス粒子の問題、スージーの問題。これらの問題が、今は秘密に覆われているどんな道を切り開いてくれるのか」

そんなにたくさん言われても困るとばかりに彼女が手をふり、彼は黙る。だが本当はまだ言うことがありそうだ。

ドアの前で、若い女性は突然彼にむかって、科学は――少なくとも科学だけは――楽観主義にもとづいていると言う。科学は大胆に前を向いて進み、今より良い世の中になるとは言わないまでも、今よりもっと世界が解るようになるとは信じている。もしかしたら、人間の活動のなかで、今でもわたしたちの未来を――知識の未来、いや生命の未来さえも――語っているのは、科学だけかもしれない。科学にとって後戻りはありえない。前進あるのみだ。今日より明日、明日より明後日が良くなることを科学は信じて疑わない。

科学にとって「進歩」という言葉はまだ意味がある。これについてはどう思うか。

彼はもう何も思わない。進歩するならすればよい。科学は洞窟時代から進歩を続けてきた。絵画についてはそうは言えないし、人間の品性のほうはもっと怪しいけれど。

でも、世界を知れるだけ知り、技術を――死ぬ技術を含めて――磨けるだけ磨く、そういう進歩だけでよいのだろうか。わたしたちの野望は知ること、ただそれだけなのだろうか。知りさえすればそれでよいのだろうか。

アインシュタインはどこかに書いていた。研究者の本当の幸福は、都市生活者が不快な騒音にみちた雑然たる郊外をはなれ、静かな高山をめざしてゆっくり登っていくときの幸福に似ている。その頂きから研究者の視線は、澄んだ静かな大気を通して遠くへさまよい、永遠にそこにあるかに見える安らかな景色に注がれる、と。

今でも彼はそう感じるか？　感じる、ときどきは、と彼は言う。ほんのときどき。もう山へは行かないけれど。今では日常生活の悩み事からはすっかり解放されている。病気、迫害、家庭生活のごたごた、カメラマンたち。でもここの空気は本当に澄んではいないし、本当に静かでもない。今でも不意に思い出がよみがえって心が乱れることがあるし、後悔に苛《さいな》まれることもある。

それでは彼が眺める景色、ときどき、三つのドアをあけたときに見えるイメージは永遠にそこにあるのか。それはどうも怪しい。いや絶対に違う、と彼は断言する。

彼女が出て行こうとすると、彼はもう一度ひきとめる。

「ビッグバンについて新しい理論が出ていますよ。たぶん気に入ると思いますが」

「どういうのですか」

「ひも理論に〝ブレーン〟というのが出てくるのをご存じですか。ブレーンは高次元時空の膜のようなもので、わたしたちの知覚が届かないレベルでクラゲのように漂っています。ひも理論によると、昔、二つのブレーンが——ひとつは物質、もうひとつは反物質でできていたようですが——衝突して、そこからわたしたちが生まれたそうです」

彼女は一瞬黙って彼を見つめる。宇宙のもととなった衝突を思い浮かべているのかもしれない。

それから彼にたずねる。

「このあと何をしますか」

「あなたが帰ったら、少しバイオリンを弾こうと思います。今ではもう飲みも食いもせず、眠りもせず、煙草も吸いませんが、音楽だけはそばにある。音楽の効果は絶大です。そのあとで、また仕事をするでしょう」

「宇宙方程式の仕事ですか」

「おそらく……まだわかりませんが……わたしは四方八方から風が吹き込み、吹き抜ける幽霊屋敷のようなものです。同じ考えを日に百遍もたどることがある。後戻りし、細部を変え、もう一度はじめからやり直す……。いつまでも下書きばかりしています。世界はわたしたちの下書きなのです。そのくせわたしたちは、仕事の目的が何であれ、とにかくいつも世界のことを考えている。わたしたちには世界しかありません」

「バイオリンで何を弾くつもりですか」

「シューベルト、かな。何か軽くて、リラックスできる、メロディーのある曲。でなければバッハ。かっちりとして、心の落ち着く曲。まだわかりません。決めていない。いつもその場で決めるのです」

彼女は、科学の研究ではあれほど大胆な彼が、なぜいつも古い時代の音楽ばかり演奏したのかと質問する。なぜ、たとえばシェーンベルクを弾きたがらなかったのか。

わからない、と彼は言う。理由はない。そんなことは考えてみたこともなかった。考えることなら他に十分ある。

彼女はもう一度礼を言い、また会いたいと言う。だが彼は、秘書のヘレン・ドゥカスともどもここに長くいられるかどうかわからないと言う。彼の概念や、アイデアや、計算や、仮定が、もう少し先まで生きのびられるかどうかもわからない。彼はくり返す。知識は知識に追い抜かれる、さもなければ知識とはいえない。遠くの景色は、高いところから見ても、移り変わるのだ。

「わたしが言ったということになっているらしい、理解できないことは、宇宙が理解できることだ、というあの言葉、あれは間違っています。その反対を主張することもできるし、むしろそのほうが正しいでしょう。理解できることは、宇宙が理解できないということだ、と」

けっきょく、宇宙は理解できないのだ。それでも、そこに戻らなければならない。何度でも戻らなければならない。すべてを包含している宇宙に立ち向かわなければならない。それがいかに苦しく、くり返しが多く、努力を要し、ときには困ることがあっても、そんなことを気にしてはいけない。ふつうの空間や無駄になった時間のことを気にしてはいけない。闇の中に忘れ去られる危険はいつでもつきまとうが、そんなことを気にしてはいけない。

「でも」と女子大生が（彼を元気づけるために？）言う。「先生の場合はもう百年もちましたよね」

「百年？　何ですか、それ？」

彼女は何と答えればよいのかわからない。そこで言う。

「さようなら」

「さようなら。来てくれてありがとう」

彼が手をさしだし、彼女は握手する、というより握ろうとする。が、あいかわらず微笑んでいるアインシュタインの手を、彼女の手はつかむことができない。わずかに触れたような気がしただけだ。

彼女は最後にあたりを見まわす。アインシュタインは彼女にうなずいてみせると、向きを変えてバイオリンの方に歩いていき、それを手にとり、セーターの袖でほこりを払う。それから楽譜を選び、譜面台に立てる。

彼は若い女性がもうそこにはいないかのようにふるまっている。彼女の方を見もしない。ひとりきりだ。その顔は静かで、おごそかでさえある。

彼のまわりでは、ドアから吹き込んできた爆風で何もかもめちゃめちゃになったあとで、物がひとりでに片づいている。書類や本が、見えない手に運ばれたように、ふたたびテーブルの上に積み上げられている。パイプはパイプ立てに戻っている。配置はいくぶん変わっているが、若い女性はもう慣れっこだ。

彼女は待合室に通じるドアをあけ、目の向きを変えながらゆっくりと待合室に入る。バイオリンの音を背に、だれもいなくなった部屋を抜ける。あの人たちは皆どこへ行ったのだろう。待ちくたびれたのだろうか。二、三日もすればまた分厚い資料をもって戻ってくるのだろうか。

入口のドアをあけ、きちんと並べられた椅子の列に最後の視線を投げる。来たときに応対してくれたヘレンの姿はない。

ドアを引きながら外に出る。どうやら彼女は何の苦もなく、未練もなく立ち去ることができるらしい。

手すりに手をのせ、暗い階段を下りていく。バイオリンの音はまだ聞こえているが、しだいに遠くなる。

玄関ホールを抜け、通りに出る。ほとんど人通りはない。

日は暮れた。街では何もかもふだん通りで、何事もないように見える。空にはすでに最初の星々が瞬いている。路面電車がベルを鳴らしながらやってきて、遠のいていく。若い女性はその車体に十七番のナンバープレートがついているのに気づく。しばらく電車を目で追い、ふと腕時計を見る。秒針はふたたび動き出している。

すべては見かけの秩序に落ち着いた。

録音テープには何か残っているだろうか。わたしたちはそれを知ることはないだろう。

若い女性は数歩歩くと、目を二階の窓のほうに向ける。アインシュタインのバイオリンの音は聞こえない。明かりがともり、窓が明るくなる。あそこにわたしたちはさっきまでいたのだろうか。彼女はあの部屋には窓がなかったことを思い出す。待合室にもなかった。

建物正面の他の窓にも明かりがともる。あたりまえだ、日暮れだもの。あちこちでテレビの音がしはじめる。

若い女性は通りをゆっくり遠ざかる。

ふりむいて窓の明かりを眺めながら想像する。二階のあそこ、五つのドアがあるあの広い部屋で、彼はバイオリンを置き、部屋の中を行ったり来たりし始めただろう。白髪を揺らしながら歩きまわり、黒板に近づいて、チョークをとり、何か数式を走り書きする。要するに、仕事をしていることだろう。

謝辞*

見えない世界に同行してくれたすべての物理学者および宇宙物理学者のみなさん、ジャン・オドゥーズ、ティボー・ダムール、とりわけ友情ゆえの厳しさをもって本書を読み直してくれたミシェル・カッセに感謝します。どうもありがとう。

＊（訳注）「謝辞」に登場する各識者の肩書きは以下の通り。
ジャン・オドゥーズ：宇宙物理学者。パリ「発見の殿堂」科学博物館館長。
ティボー・ダムール：理論物理学者。パリ高等科学研究所（ＩＨＥＳ）終身教授。
ミシェル・カッセ：宇宙物理学者。原子力庁（ＣＥＡ）所属。

訳者あとがき

昨年は「世界物理年」でした。アインシュタインのいわゆる「奇跡の年」から百年目に当たることを記念するため、二〇〇二年にひらかれた国際純正応用物理学連合の総会でそう決まったのです。本書の原著はその二〇〇五年に、パリのオディール・ジャコブ社から出版されました。アインシュタイン関係の本が世界物理年に出ることには何の不思議もありません。訳者が驚いたのは著者の名前を見たときでした。ジャン＝クロード・カリエール？　あのシナリオライターの？　なぜならジャン＝クロード・カリエールという名は、訳者の頭の中ではルイス・ブニュエルと不可分だった（というより、そこまでしか知らなかった）ので、この著者がもしあのカリエールだとしたら、彼とアインシュタインの結びつきはブニュエルとアインシュタインの結びつきと同じくらい不可解に思えたからです。

でもそれは本当にあのカリエールなのでした。この有名な脚本家、作家についてすでにご存じの方には蛇足になりますが、彼は一九三一年――ちょうどアインシュタインがベルリンで最悪の迫害を受けていた頃――に、南フランスの農家に生まれました。二十三歳のとき小説家としてスタートし、まもなく映画の脚本を書きはじめ、四、五年にわたる兵役ののち、一九六三年に映画監督ルイス・ブニュエルと出会い、彼と共同でおこなった足かけ二十年にわたる仕事を含め、百三十本を超える映画・テレビ・演劇の脚本を書き、俳優、声優、監督、作家としても活躍しています。

このように膨大な量の仕事の中から、ここでは比較的最近書いた演劇の脚本と、対談から生まれた本を幾つか挙げたいと思います。まずイギリスの舞台演出家ピーター・ブルックのために書いた脚本に、十二世紀ペルシアの詩にもとづく『鳥たちの会議』、古代インドの叙事詩にもとづく『マハーバーラタ』（邦訳は白水社刊）、シェイクスピアの演劇を脚色した『テンペスト』があります。つぎに、ダライ・ラマ十四世との対話をまとめた『仏教の力――今日の世界でよりよく生きる』（邦題は『ダライ・ラマが語る――母なる地球の子どもたちへ』紀伊國屋書店）、そして、パリ高等科学研究所の物理学教授ティボー・ダムールとの対談をおさめた『並行宇宙《パラレルワールド》についての対話』という本があります。さらに二〇〇五年には、テレビ番組のために『ガリレオ――神の愛』を書いています。

こう見てくると、本書にガリレオの話が出てくるのは当然としても、古代ペルシアの聖鳥シームルグの名があらわれ、古代インドの恐ろしい武器パスパタについての記述があり、『テンペスト』のプロスペローの娘ミランダのせりふ「すばらしい新世界」が引用され、輪廻、転生、菩薩などの仏教用語が見え、パラレルワールドの話題が出てくる、その理由がうなずけます。アインシュタインのせりふにダライ・ラマを織り込むなど、カリエールはなかなか茶目っ気のある人のようです。もちろん「出典」は右にあげた仕事に限りません。ブニュエルの映画の題名も入っていますし、プロタゴラスの有名な言葉の変形や、デカルトの『方法序説』の有名な冒頭文のもじりも入っています。訳者は、若い女性が異界に入っていく出だしやニュートンの最期に、宮崎駿監督のアニメ映画

『千と千尋の神隠し』の残像を感じます。書斎のドアが「どこでもドア」を連想させるからといって、彼が『ドラえもん』を知っているかどうかまではわかりませんが……。

先述のダライ・ラマとの対話に関して、カリエールはつぎのように言っています。「私は敬意を払うあまり過度に緊張するのも、無意味になれなれしくするのも、どちらも避けようと努めた」。この姿勢はそのまま本書にも当てはまります。生粋の自由人であったアインシュタインにふさわしく、カリエールの筆は決して権威主義に陥らず、世紀の天才を前にして怖じるところがありません。どこかの国に似たゆとり教育を受けてきたらしい若い女性は、自分の無知を恥じず、率直な感想を口にします。二人のやりとりを漫才にたとえれば――じっさいはそれはとぼけた漫才を思わせます――若い女性はツッコミ役ですが、それでも一貫して好ましい節度を保っています。

本書は、一言でいえば、アインシュタインの仕事とその周辺についてやさしく語ったフィクション仕立ての入門書ということになるでしょう。しかしそれと同時に、映像作家カリエールが自分の中に蓄積されたものを自在に織り込んだ、遊び心のある「読む映画」という側面ももっています。映画を観るように本書を読んだ人は、ラストシーンがフェイドアウトしたあと、FINの三文字が浮かんだのではないでしょうか。

一方、入門書としての本書の大きな狙いは、今なおニュートン力学的世界観にとどまっている多くの人々の意識を揺さぶることにあります。本文にもあるとおり、仮に宇宙からすべての天体が消滅しても、がらんどうの空間は残り、何もないところで時間だけが未来に向かって均質に流れていく。そんなイメージを宇宙に抱いている人は少なくなく、本書に登場するかなり戯画化されたニュートンは、今も根強く残るこうした宇宙観の化身として見ることができます。（その頑固なニュートンを完膚無きまで叩きのめしたのがヒロシマの原爆であったとは、何という不幸でしょうか。）

入門書に物理学的な間違いがあっては困るので、その道の専門家にチェックをお願いしました。面倒な仕事を快く引き受け、ていねいに見てくださった徳島大学名誉教授、水野清先生に心よりお礼申し上げます。ただし文章の責任がすべて訳者にあることは言うまでもありません。なお、翻訳に際しては、本年の二月にイギリスのハーヴィル・セッカー社から出た英訳本『Please, Mr Einstein』も参照しました。また、本書についている章のタイトルと小見出しは原著にはなく、読みやすさを考えて編集部の意向で付けたものであることをお断りします。

最後に、私事になりますが、訳者は今夏、海に近い小さな町のはずれで星空を見ました。台風の影響を受けた強い風で雲が一掃され、ちょうどアインシュタインと若い女性が眺めたような満天の星でした。そのすばらしさに感激していると、アインシュタインのせりふが記憶によみがえってきました。「宇宙をごらんなさい」……

二〇〇六年秋

南條　郁子

著　者

ジャン＝クロード・カリエール

1931年南フランス生まれ。23歳で小説家としてデビューし、まもなく映画の脚本を書きはじめる。1963年に映画監督ルイス・ブニュエルと出会い、彼との20年にわたる仕事を含め、これまでに130本余りの脚本を手がける。映画「昼顔」「存在の耐えられない軽さ」「ブリキの太鼓」や舞台演出家ピーター・ブルックのために「マハーバーラタ」「妻を帽子とまちがえた男」「テンペスト」などの脚本がある一方で、俳優、声優、監督、作家としても活躍。対談本に『ダライ・ラマが語る――母なる地球の子どもたちへ』（邦訳：紀伊國屋書店）、パリ高等科学研究所物理学教授ティボー・ダムールとの対談『並行宇宙についての対話』があり、2005年にテレビ番組『ガリレオ――神の愛』の脚本を書く。

訳　者

南條《なんじょう》　郁子《いくこ》

お茶の水女子大学理学部数学科卒業。主な訳書にカール・サバー『リーマン博士の大予想』、マクシム・シュワルツ『なぜ牛は狂ったのか』（以上、紀伊國屋書店）、フランソワーズ・バリアール『アインシュタインの世界』、マリア・カルメロ・ベトロ『図説ヒエログリフ事典』（以上、創元社）などがある。

教えて!!　Mr.アインシュタイン

2006年11月５日　　第１刷発行

発行所　株式会社　紀伊國屋書店

東京都新宿区新宿３―17―７

出版部（編集）　電話 03(5469)5919
ホールセール部（営業）　電話 03(5469)5918
東京都渋谷区東３―13―11
郵便番号　150-8513

ISBN4-314-01016-9
Printed in Japan
定価は外装に表示してあります

印刷・製本　中央精版印刷